高职高专"十二五"规划教材

电力电子技术及应用

张诗淋　　　　　　主　编
曹江　杨悦　赵新亚　副主编
高宇　　　　　　　主　审

化学工业出版社
·北京·

本教材根据高等职业教育培养应用型人才的需要，结合本课程实践性强的特点，坚持以就业为导向，以职业岗位训练为主体，采用项目教学法，打破传统的学科体系教学模式，重视学生的实际应用能力，重点培养学生的实际技能。

　　本教材详细介绍了电力电子技术课程的八大项内容：电力二极管和晶闸管、可控整流器、有源逆变器、全控型电力电子器件、逆变电路、直流斩波器、交流调压器和变频器，每个项目中配有理论内容、项目对应的应用电路、实践技能训练、思考题与习题等。

　　本书可作为高职高专电气类专业及相近专业的教材，也可作为从事电力电子技术专业的工程技术人员的参考用书。

图书在版编目（CIP）数据

电力电子技术及应用/张诗淋主编． —北京：化学
工业出版社，2013.6（2016.1 重印）
高职高专"十二五"规划教材
ISBN 978-7-122-17161-0

Ⅰ．①电…　Ⅱ．①张…　Ⅲ．①电力电子技术-高等职
业教育-教材　Ⅳ．①TM1

中国版本图书馆 CIP 数据核字（2013）第 085789 号

责任编辑：王昕讲　刘　哲　　　　　　　文字编辑：余纪军
责任校对：宋　夏　　　　　　　　　　　装帧设计：韩　飞

出版发行：化学工业出版社（北京市东城区青年湖南街 13 号　邮政编码 100011）
印　　装：三河市延风印装有限公司
787mm×1092mm　1/16　印张 12¼　字数 296 千字　2016 年 1 月北京第 1 版第 2 次印刷

购书咨询：010-64518888（传真：010-64519686）　售后服务：010-64518899
网　　址：http://www.cip.com.cn
凡购买本书，如有缺损质量问题，本社销售中心负责调换。

定　　价：26.00 元　　　　　　　　　　　　　　　　　　版权所有　违者必究

前　言

电力电子技术课程是高职高专电气类专业的一门主干专业课，该课程的工程实践性强，重在使学生掌握多学科的综合知识和基本技能，具备电力电子技术的设计、调试的综合应用能力，并提高学生分析、解决实际问题的能力，从而培养具有工程师素质的实用型人才。

本教材根据高等职业教育培养应用型人才的需要，结合本课程实践性强的特点，坚持以就业为导向，以职业岗位训练为主体，突出培养学生实际应用能力。本书在编写过程中始终贯彻"以应用为目的，以实用为主，理论够用为度"的教学原则，重点培养学生的实际技能。

本教材采用项目教学法，打破传统的学科体系教学模式，详细地介绍了电力电子技术课程的八大项内容：电力二极管和晶闸管、可控整流器、有源逆变器、全控型电力电子器件、逆变电路、直流斩波器、交流调压器和变频器。每个项目中配有学习目标、理论内容、相应的项目应用电路、实践技能训练、思考题与习题等。

本书可作为高职高专电气类专业及相近专业的教材，也可作为从事电力电子技术专业的工程技术人员的参考用书。本教材建议课时分配如下表所示。

项　目	项目内容	总学时	讲授学时	实践训练
一	电力二极管和晶闸管	8	6	2
二	可控整流器	16	10	6
三	有源逆变器	6	4	2
四	全控型电力电子器件	6	4	2
五	逆变电路	8	4	4
六	直流斩波器	6	4	2
七	交流调压器	6	4	2
八	变频器	4	4	2
合计		60	40	22

本书由沈阳职业技术学院张诗淋担任主编，沈阳职业技术学院曹江、杨悦和赵新亚担任副主编。全书共分八个项目，其中绪论、项目一、项目二和项目三由张诗淋编写，项目四和项目五由杨悦编写，项目六和项目七由曹江编写，赵新亚编写了项目八和本书的实践技能训练内容。全书由张诗淋统稿，由沈阳职业技术学院高宇教授主审。

在编写过程中，参阅了许多专家们的文献资料，在此一并致谢。由于编者水平所限，书中如有疏漏及不妥之处，敬请使用本书的师生和读者批评指正。

编　者

2013 年 4 月

前　言

目　录

绪　　论

一、什么是电力电子技术

电力电子技术是电子学、电力学和控制学三个学科相结合的一门边缘学科，主要研究各种电力电子器件，由电力电子器件所构成的各种电路（变流装置），以及电路对电能的变换和控制技术。因此电力电子技术是利用电力电子器件对电能进行控制和转换的技术。它运用弱电（电子技术）控制强电（电力技术），是强电和弱电相结合的学科。电力电子技术是目前最活跃、发展最快的一门学科。随着科学技术的发展，电力电子技术又与现代控制理论、材料科学、电机工程、微电子技术等许多领域密切相关，已经逐步发展成为一门多学科互相渗透的综合性技术学科。

二、电力电子技术的发展

电力电子器件的发展推动了电力电子技术的发展。电力电子技术的诞生以 1957 年美国通用公司研制出的第一只晶闸管为标志，至 20 世纪 80 年代为传统电力电子技术阶段。此阶段是电力电子器件以晶闸管为核心的半控型器件。20 世纪 80 年代末和 90 年代初期发展起来的以功率 MOSFET 和 IGBT 为代表的集高频、高压和大电流于一体的功率半导体复合器件，表明传统的电力电子技术已经进入现代电力电子时代。

三、电力电子技术的主要功能

电力电子技术是利用电力电子器件对电能进行控制和转换的技术，它的基本功能是使交流和直流电能互相转换。主要有以下功能。

（1）整流（AC/DC）。把交流电变换成固定或可调的直流电。由电力二极管可组成不可控整流电路；由晶闸管或其他全控型器件可组成可控整流电路。

（2）逆变（DC/AC）。把直流电变换成频率固定或频率可调的交流电。

（3）直流斩波（DC/DC）。把固定的直流电变换成固定或可调的直流电。

（4）交流变换电路（AC/AC）。可分为交流调压电路和变频电路。交流调压是在维持电能频率不变的情况下改变输出电压幅值。变频电路是把频率固定或变化的交流电变换成频率可调的交流电称为变频。

上述功能统称为变流，因此电力电子技术也称为变流技术。变流技术是将电网的交流电，所谓"粗电"，通过电力电子电路进行处理变换，精炼到使电能在稳定、波形、频率、数值、抗干扰性能等方面符合各种用电设备需要的"精电"过程。

四、电力电子技术的应用

电力电子技术的应用领域相当广泛，从庞大的发电厂设备到小巧的家用电器等几乎所有的电气工程领域。容量可达 1W 到 1GW 不等，工作频率也可由 1Hz 到 100MHz。

（1）一般工业。工业中大量应用各种交直流电动机。直流电动机有良好的调速性能。为其供电的可控整流电源或直流斩波电源都是电力电子装置。近年来，由于电力电子变频技术的迅速发展，使得交流电动机的调速性能可与直流电动机相媲美，交流调速技术大量应用并占据主导地位。大至数千千瓦的各种轧钢机，小到几百瓦的数控机床的伺服电动机都广泛采用电力电子交直流调速技术。一些对调速性能要求不高的大型鼓风机等近年来也采用了变频装置，已达到节能的目的。还有一些不调速的电动机为了避免启动时的电路冲击而采用了软启动装置，这种软启动装置也是电力电子装置。

电化学工业大量使用直流电源、电解铝、电解食盐水等需要大容量整流电源。电镀装置也需要整流电源。

电力电子技术还大量用于冶金工业中的高频或中频感应加热电源等场合。

（2）交通运输。电气化铁路中广泛采用电力电子技术。电力机车中的直流机车采用整流装置，交流机车采用变频装置。直流斩波器也广泛应用于铁道车辆。在未来的磁悬浮列车中，电力电子技术也是一项关键技术。除牵引电动机车传动外，车辆中的各种辅助电源也都离不开电力电子技术。

电动汽车的电机靠电力电子装置进行电力变换和驱动控制，其蓄电池的充电也离不开电力电子装置。一台高级汽车中需要许多控制电机，它们也要靠变频器和斩波器驱动并控制。

飞机、船舶需要很多不同要求的电源，因此航空和航海都离不开电力电子技术。

如果把电梯也算交通工具，那么它也需要电力电子技术。以前的电梯大多采用直流调速系统，而近年来交流调速已经成为主流。

（3）电力系统。电力电子技术在电力系统中应用也非常广泛。据统计，发达国家在用户最终使用的电能中，有60％以上电能至少经过一次以上的电力电子变流装置的处理。直流输电在长距离、大容量输电时有很大优势，其送电端的整流阀、受电端的逆变阀都采用晶闸管变流装置。近年发展起来的柔性交流输电也是依靠电力电子装置才得以实现的。

在变电所中，给操作系统提供可靠的交直流操作电源，给蓄电池充电等都需要电力电子装置。

（4）家用电器。种类繁多的家用电器，小至一台调光灯，大至通风取暖设备、微波炉以及众多电动机驱动设备都离不开电力电子技术。电力电子技术广泛应用在家用电器使得它和我们的生活十分贴近。

（5）其他。不间断电源（UPS）在现代社会中的作用越来越重要，用量越来越大。

以前电力电子技术的应用偏重于中、大功率。现在1kW以下，甚至几十瓦以下的功率范围内，电力电子技术的应用也越来越广，其地位也越来越重要。

项目一　电力二极管和晶闸管

【学习目标】
- 认识电力二极管的外部结构，了解电力二极管的内部结构。
- 认识晶闸管的外部结构，了解晶闸管与散热器的连接方式，了解晶闸管的内部结构。
- 掌握晶闸管导通、截止的条件，伏安特性，主要参数，额定电压、额定电流的选用原则，晶闸管型号的命名方法。
- 会用万用表判断晶闸管的极性及好坏。
- 了解晶闸管的派生系列元件。
- 掌握双向晶闸管的结构、特性、触发方式及主要参数。
- 了解晶闸管的保护及扩容方法，能识别晶闸管的保护元件，能正确选择保护元件及接法。

课题一　电力二极管

电力二极管也称功率二极管，由于不能通过信号控制其导通和关断，属于不可控电力电子器件。它不同于普通的二极管，能承受高电压、大电流。它是 20 世纪最早获得广泛应用的电力电子器件，其结构和原理简单，工作可靠，直到现在电力二极管仍然大量应用于许多电气设备当中。

一、电力二极管结构

电力二极管是以 PN 结为基础的，实际上就是由一个结面积较大的 PN 结和两端引线以及封装组成的。电力二极管的结构和图形符号如图 1-1 所示。电力二极管引出的两个极，分别是阳极 A 和阴极 K。它的外形有螺栓型和平板型两种封装，如图 1-2 所示。因管子工作时要通过大电流，而 PN 结有一定的正向电阻，因此管子会因损耗而发热，必须安装散热器。一般 200A 以下的电力二极管采用螺栓型，200A 以上的则采用平板型。

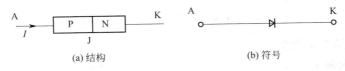

(a) 结构　　　　　　　　　　　　　(b) 符号

图 1-1　电力二极管的结构和图形符号

二、电力二极管的工作原理

电力二极管和普通二极管工作原理一样，具有单向导电性。即当给它施加正向电压时，PN 结导通，正向管压降很小，维持在 1V 左右；当给它施加反向电压时，PN 结截止，只有极小的可忽略的漏电流流过二极管。

经实验测量可得电力二极管的伏安特性曲线，如图 1-3 所示。当外加电压大于二极管的门槛电压U_{TO}时，正向电流开始迅速增加，二极管即开始导通。正向导通时其管压降仅为1V 左右，且不随电流的大小而变化。当电力二极管承受反向电压时，只有很小的反向漏电流 I_{RR} 流过，器件处于反向截止状态。但当反向电压增大到 U_B 时，PN 结内产生雪崩击穿，反向电流急剧增大，这将导致二极管发生击穿损坏。

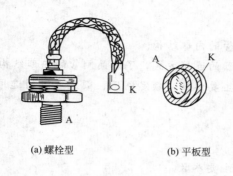

(a) 螺栓型　　　　　　(b) 平板型

图 1-2　电力二极管的外形

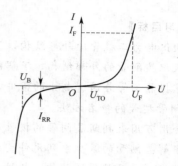

图 1-3　电力二极管的伏安特性曲线

三、电力二极管的主要参数

1. 正向平均电流（额定电流）$I_{F(AV)}$

它是指在规定的管壳温度和散热条件下，允许通过的最大工频正弦半波电流的平均值。元件标称的额定电流就是这个电流。

实际应用中，功率二极管所流过的最大有效电流为 I_M，则其额定电流一般选择为

$$I_{F(AV)} = (1.5 \sim 2)\frac{I_M}{1.57} \tag{1-1}$$

式中的系数 1.5～2 是安全余量。

2. 正向通态压降 U_F

它是指在规定温度下，流过某一稳定正向电流时所对应的正向压降，简称管压降。

3. 反向重复峰值电压 U_{RRM}

它是指器件能重复施加的反向最高电压，通常是其雪崩击穿电压 U_B 的 2/3。一般在选用电力二极管时，以其在电路中可能承受的最大反向电压瞬时值 U_{DM} 的 2～3 倍来选择电力二极管的定额。

$$U_{RRM} = (2 \sim 3)U_{DM} \tag{1-2}$$

式中的系数 2～3 是安全余量。

4. 反向恢复时间 t_{rr}

它是指电力二极管从正向电流降至零起到恢复反向阻断能力为止的时间。

5. 最高允许结温 T_{JM}

在 PN 结不损坏的前提下所能承受的最高温度。通常在 125～175℃。

在选择管子时这些参数都要谨慎考虑，部分型号电力二极管的参数如表 1-1 所示。

四、电力二极管的主要类型

电力二极管的应用范围很广，种类也很多，常见的主要有以下几种类型。

表 1-1　部分型号电力二极管的主要参数

型　　号	额定电流/A $I_{F(AV)}$	额定电压/V U_{RRM}	正向压降/V U_F	反向恢复时间 t_{rr}
ZK3～2000	3～2000	100～4000	0.4～1	＜10μs
10DF4	1	400	1.2	＜100ns
31DF2	3	200	0.98	＜35ns
30BF80	3	800	1.7	＜100ns
50WF40F	5.5	400	1.1	＜40ns
10CTF30	10	300	1.25	＜45ns
25JPF40	25	400	1.25	＜60ns
MR876 快恢复二极管	50	600	1.4	＜400ns
MUR10020CT 超快恢复二极管	50	200	1.1	＜50ns
MBR30045CT 肖特基二极管	150	45	0.78	≈0

1. 整流二极管

整流二极管多用于开关频率不高的场合，一般开关频率在 1kHz 以下的整流电路中。整流二极管的特点是电流定额和电压定额可以达到很高，一般为数千安和数千伏，但反向恢复时间较长，在 5μs 以上。

2. 快速恢复二极管

快速恢复二极管的特点是恢复时间短，尤其是反向恢复时间短，一般在 5μs 以内，可用于要求很小反向恢复时间的电路中。工艺上多采用了掺金措施，结构上有的采用 PN 结型结构，也有的采用对此加以改进的 PiN 结构。特别是采用外延型 PiN 结构的所谓的快恢复外延二极管，其反向恢复时间更短（可低于 50ns），正向压降也很低（0.9V 左右），但其反向耐压多在 400V 以下。不管是什么结构，快恢复二极管从性能上可分为快速恢复和超快速恢复两个级别。前者反向恢复时间为数百纳秒或更长，后者则在 100ns 以下，甚至达到 20～30ns。主要用于逆变、斩波电路中。

3. 肖特基二极管

肖特基二极管是以金属和半导体接触形成的势垒为基础的二极管，其反向恢复时间更短，一般为 10～40ns。肖特基二极管在正向恢复过程中不会有明显的电压过冲，在反向耐压较低的情况下正向压降也很小，明显低于快速恢复二极管，因此，其开关损耗和正向导通损耗都比快速恢复二极管还要小，效率高。肖特基二极管的不足是，当所承受的反向耐压提高时，其正向电压也会高得不能满足要求，因此多用于 200V 以下的低压场合；反向漏电流较大且对温度敏感，因此反向稳态损耗不能忽略，而且必须更加严格地限制其工作温度。

五、电力二极管的使用注意事项

（1）必须保证规定的冷却条件，如强迫风冷或水冷。如果不能满足规定的冷却条件，必须降低容量使用。如规定风冷元件使用时在自冷，只允许用到额定电流的 1/3 左右。

（2）平板型元件的散热器一般不应自行拆装。

（3）严禁用兆欧表检查元件的绝缘情况。如需检查整机的耐压时，应将元件短接。

课题二 晶 闸 管

晶闸管（Thyristor）是晶体闸流管的简称，又称可控硅（SCR）。它是一种大功率半导体器件，即有开关作用又具有整流作用。在性能上，它不仅具有单向导电性，而且还具有可控性，属于半控型器件。晶闸管可以承受的电压、电流在电力电子器件中为最高。

一、晶闸管的结构

1. 外部结构

晶闸管的外形如图 1-4 所示，主要分为塑封式、螺栓式和平板式。由于晶闸管是大功率器件，工作时会产生大量的热量，因此必须安装散热器。

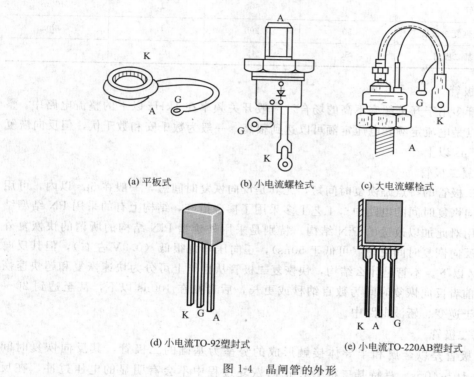

(a) 平板式　　　　(b) 小电流螺栓式　　　　(c) 大电流螺栓式

(d) 小电流TO-92塑封式　　　　(e) 小电流TO-220AB塑封式

图 1-4　晶闸管的外形

（1）平板式晶闸管。如图 1-4(a) 所示，平板式晶闸管中间金属环是门极 G，用一根导线引出，靠近门极的平面是阴极 K，另一面则为阳极 A。

如图 1-6 所示，平板式晶闸管由两个相互绝缘的散热器夹紧在中间，靠风冷或水冷。这种晶闸管由于其整体被散热器包裹，所以散热效果非常好，功率大，额定电流 200A 以上的晶闸管外形采用平板式结构，但平板式晶闸管的散热器拆装非常麻烦，器件维修更换不方便。

（2）螺栓式晶闸管。如图 1-4(b) 所示，小电流螺栓式晶闸管的螺栓为阳极 A，门极 G 比阴极 K 细。如图 1-4(c) 所示，大功率螺栓式晶闸管来说，螺栓是晶闸管的阳极 A（它与散热器紧密连接），门极和阴极则用金属编制套引出，像一根辫子，粗辫子线是阴极 K，细辫子线是门极 G。

　　如图 1-5 所示，螺栓式晶闸管是靠阳极（螺栓）拧紧在铝制散热器上，可自然冷却，这种晶闸管很容易与散热器连接，器件维修更换也非常方便，但散热效果一般，功率不是很大，额定电流通常在 200A 以下。

　　（3）塑封式晶闸管。如图 1-4（e）所示，小电流 TO-220AB 型塑封式晶闸管面对印字面、引脚朝下，则从左向右的排列顺序依次为阴极 K、阳极 A 和门极 G。如图 1-4（d）所示，小电流 TO-92 型塑封式晶闸管面对印字面、引脚朝下，则从左向右的排列顺序依次为阴极 K、门极 G 和阳极 A。

　　塑封式晶闸管由于散热条件有限，功率比较小，额定电流通常在 20A 以下。

图 1-5　螺栓式晶闸管的散热器

图 1-6　平板式晶闸管的散热器

　　2. 内部结构

　　晶闸管的内部结构和图形符号如图 1-7 所示，由 4 层半导体 P_1、N_1、P_2、N_2 构成，形成 J_1、J_2、J_3 三个 PN 结。由 P_1 层半导体引出阳极 A，由 N_2 层半导体引出阴极 K，由 P_2 层半导体引出门极（控制极）G。

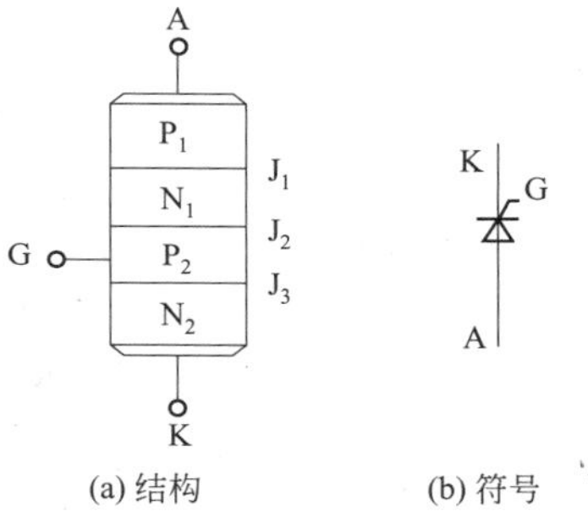

　　二、晶闸管的工作原理

　　我们通过图 1-8 所示的电路来说明晶闸管的工作原理。在该电路中，由电源 E_A、灯泡、晶闸管的阳极和阴极组成晶闸管主电路；由电源 E_G、开关 S、晶闸管的门极和阴极组成控制电路，也称触发电路。

（a）结构　　　　（b）符号

图 1-7　晶闸管的结构和图形符号

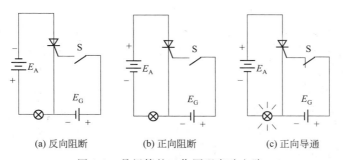

（a）反向阻断　　　　（b）正向阻断　　　　（c）正向导通

图 1-8　晶闸管的工作原理实验电路

　　1. 晶闸管的反向阻断

　　如图 1-8（a）所示，将晶闸管的阴极 K 接电源 E_A 的正极，阳极 A 接电源 E_A 的负极，使晶闸管承受反向电压，这时不管开关 S 闭合与否，灯泡都不亮，说明晶闸管加反向电压时，不导通。

2. 晶闸管的正向阻断

如图 1-8(b) 所示,当晶闸管的阳极 A 接电源 E_A 的正极,阴极 K 经灯泡接电源的负极时,使晶闸管承受正向电压。当控制电路中的开关 S 断开时,灯泡不亮,说明晶闸管不导通。

3. 晶闸管的正向导通

如图 1-8(c) 所示,当晶闸管的阳极和阴极承受正向电压,控制电路中开关 S 闭合,使控制极也加正向电压时,灯泡亮,说明晶闸管导通。

当晶闸管导通时,将开关 S 断开(即门极上的电压去掉),灯泡依然亮,说明一旦晶闸管导通,控制极就失去了控制作用。因此在实际应用中,门极只需施加一定的正脉冲电压便可触发晶闸管导通。

通过上述实验可知,晶闸管导通必须同时具备以下两个条件:

① 晶闸管阳极和阴极之间加正向电压;

② 晶闸管门极和阴极之间加正向电压。

为了进一步说明晶闸管的工作原理,可把晶闸管看成是由一个 PNP 型和一个 NPN 型三极管连接而成的,连接形式如图 1-9 (a) 所示。其中 N_1、P_2 为两管共用,即一个三极管的基极与另一个三极管的集电极相连。阳极 A 相当于 PNP 型管 VT_1 的发射极,阴极 K 相当于 NPN 型管 VT_2 的发射极。见图 1-9(b) 所示。

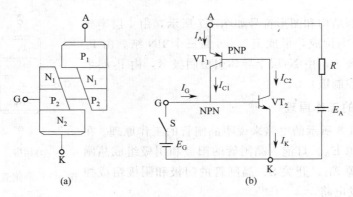

图 1-9　晶闸管的工作原理等效电路

当晶闸管阳极承受正向电压,控制极也加正向电压时,晶体管 VT_2 处于正向偏置,E_G 产生的控制极电流 I_G 就是 VT_2 的基极电流 I_{B2},VT_2 的集电极电流 $I_{C2} = \beta_2 I_G$。而 I_{C2} 又是晶体管 VT_1 的基极电流,VT_1 的集电极电流 $I_{C1} = \beta_1 I_{C2} = \beta_1 \beta_2 I_G$ (β_1 和 β_2 分别是 VT_1 和 VT_2 的电流放大系数)。电流 I_{C1} 又流入 VT_2 的基极,再一次放大。这样循环下去,形成了强烈的正反馈,使两个晶体管很快达到饱和导通,这就是晶闸管的导通过程。导通后,晶闸管上的压降很小,大约 1V 左右,电源电压几乎全部加在负载上,所以,晶闸管中流过的电流即负载电流,电流的大小取决于外电路参数。

在晶闸管导通之后,它的导通状态完全依靠管子本身的正反馈作用来维持,即使门极电流消失,晶闸管仍将处于导通状态。因此,门极的作用仅是触发晶闸管使其导通,导通之后,门极就失去了控制作用。

4. 晶闸管导通后的关断

　　要想关断晶闸管,最根本的方法就是必须将阳极电流减小到使之不能维持正反馈的程度,也就是将晶闸管的阳极电流减小到小于维持电流。可采用的方法有:将阳极电源断开;在晶闸管的阳极和阴极间加反向电压。

　　晶闸管是一个可控的单向导电开关。与二极管相比,它具有可控性,能正向阻断;与三极管相比,其差别在于晶闸管对电流没有放大作用。

三、晶闸管的阳极伏安特性

　　晶闸管阳极与阴极间的电压 U_A 和阳极电流 I_A 的关系称为伏安特性,正确使用晶闸管必须要了解其伏安特性。图 1-10 所示即为晶闸管伏安特性曲线,包括正向特性(第一象限)和反向特性(第三象限)两部分。

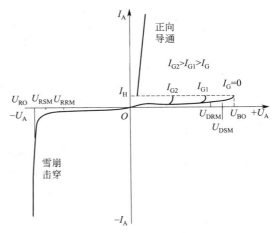

图 1-10　晶闸管的伏安特性曲线

　　晶闸管的正向特性又分为阻断状态和导通状态。在正向阻断状态时,晶闸管的伏安特性是一组随门极电流 I_G 的增加而不同的曲线簇。当 $I_G=0$ 时,逐渐增大阳极电压 U_A,只有很小的正向漏电流,晶闸管正向阻断;随着阳极电压的增加,当达到正向转折电压 U_{BO} 时,漏电流突然剧增,晶闸管由正向阻断突变为正向导通状态。这种在 $I_G=0$ 时,依靠增大阳极电压而强迫晶闸管导通的方式称为"硬开通"。多次"硬开通"会使晶闸管损坏,因此通常不允许这样做。

　　随着门极电流 I_G 的增大,晶闸管的正向转折电压 U_{BO} 迅速下降,当 I_G 足够大时,晶闸管的正向转折电压很小,可以看成与一般二极管一样,只要加上正向阳极电压,管子就导通了。晶闸管正向导通的伏安特性与二极管的正向特性相似,即当流过较大的阳极电流时,晶闸管的压降很小。

　　晶闸管正向导通后,要使晶闸管恢复阻断,只有逐步减小阳极电流 I_A,使 I_A 下降到小于维持电流 I_H(维持晶闸管导通的最小电流),则晶闸管又由正向导通状态变为正向阻断状态。图 1-10 中各物理量的含义如下:

　　U_{DRM}、U_{RRM}——正、反向断态重复峰值电压;

　　U_{DSM}、U_{RSM}——正、反向断态不重复峰值电压;

　　U_{BO}——正向转折电压;

　　U_{RO}——反向击穿电压。

　　晶闸管的反向特性与一般二极管的反向特性相似。在正常情况下,当承受反向阳极电压时,晶闸管总是处于阻断状态,只有很小的反向漏电流流过。当反向电压增加到一定值时,反向漏电流增加较快,再继续增大反向阳极电压会导致晶闸管反向击穿,造成晶闸管永久性损坏,这时对应的电压为反向击穿电压 U_{RO}。

四、晶闸管的门极伏安特性

　　晶闸管的门极和阴极之间有一个 PN 结 J_3,如图 1-7(a)所示,它的伏安特性称为门极伏安特性。如图 1-11 所示,它的正向特性不像普通二极管那样具有很小的正向电阻及较大的反向电阻，有时它的正、反向电阻是很接近的。在这个特性中表示了晶闸管确定产生导通门极电压、电流范围。

因晶闸管门极特性偏差很大，即使同一额定值的晶闸管之间其特性也不同，所以设计门极电路时必须考虑其特性。

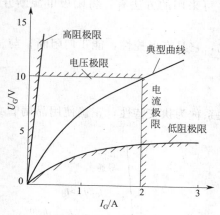

图 1-11　晶闸管门极伏安特性曲线

五、晶闸管的主要参数

在实际使用过程中，往往要根据实际的工作条件进行管子的合理选择，以达到满意的技术经济效果。正确的选择管子主要包括两方面，一方面要根据实际情况确定所需晶闸管的额定值；另一方面根据额定值确定晶闸管的型号。

晶闸管的各项额定参数在晶闸管生产后，由厂家经过严格测试而确定，使用者只需要能够正确的选择管子就可以。表 1-2 列出了晶闸管的一些主要参数。

表 1-2　晶闸管的主要参数

型号	通态平均电流	重复峰值电压	额定结温	触发电流	触发电压	断态电压临界上升率	断态电流临界上升率	浪涌电流
单位	A	V	℃	mA	V	V/μs	A/μs	A
参数符号	$I_{T(AV)}$	U_{DRM}、U_{RRM}	T_{IM}	I_{GT}	U_{GT}	du/dt	di/dt	I_{TSM}
KP5	5	100～2000	100	5～70	≤3.5			90
KP10	10	100～2000	100	5～100	≤3.5			190
KP20	20	100～2000	100	5～100	≤3.5			380
KP30	30	100～2400	100	8～150	≤3.5			560
KP50	50	100～2400	100	8～150	≤4			940
KP100	100	100～3000	115	10～250	≤4			1880
KP200	200	100～3000	115	10～250	≤5	25～1000	25～500	3770
KP300	300	100～3000	115	20～300	≤5			5650
KP400	400	100～3000	115	20～300	≤5			7540
KP500	500	100～3000	115	20～300	≤5			9420
KP600	600	100～3000	115	30～350	≤5			11160
KP800	800	100～3000	115	30～350	≤5			14920
KP1000	1000	100～3000	115	40～400	≤5			18600

1. 电压参数

（1）正向断态重复峰值电压 U_{DRM}　在图 1-10 中晶闸管的伏安特性，规定当门极断开时，晶闸管处于额定结温，允许重复加在管子上的正向峰值电压。

（2）反向断态重复峰值电压 U_{RRM}　与 U_{DRM} 相似，规定当门极断开时，晶闸管处于额定结温，允许重复加在管子上的反向峰值电压。

（3）额定电压 U_{Tn}　晶闸管出厂时其电压定额的确定，为了保证晶闸管的耐压安全，出厂时铭牌标出的额定电压通常是器件实测的 U_{DRM} 和 U_{RRM} 中较小的值，取相应的标准电压级别，电压级别如表 1-3 所示。

表 1-3　晶闸管的正、负重复峰值电压标准级别

级　别	正、负重复峰值电压/V	级　别	正、负重复峰值电压/V	级　别	正、负重复峰值电压/V
1	100	8	800	20	2000
2	200	9	900	22	2200
3	300	10	1000	24	2400
4	400	11	1100	26	2600
5	500	12	1200	28	2800
6	600	14	1400	30	3000
7	700	16	1600		

例如，某晶闸管测得其正向阻断重复峰值电压值为 750V，反向阻断重复峰值电压值为 620V，取小者为 620V，按表 1-3 中相应电压等级标准为 600V，此器件铭牌上即标出额定电压为 600V，电压级别为 6 级。

晶闸管使用时，若外加电压超过反向击穿电压，会造成器件永久性损坏。若超过正向转折电压，器件就会误导通，经数次这种导通后，也会造成器件损坏。此外器件的耐压还会受环境温度、散热状况的影响，因此选择时应注意留有充分的余量，一般应按工作电路中可能承受到的最大瞬时值电压 U_{TM} 的 2～3 倍来选择晶闸管的额定电压，即

$$U_{Tn} = (2 \sim 3) U_{TM} \tag{1-3}$$

（4）通态平均电压 $U_{T(AV)}$（管压降）　当晶闸管中流过额定电流并达到稳定的额定结温时，阳极与阴极之间电压降的平均值，简称管压降。管压降越小，表明管子的耗散功率越小，则管子的质量就越好。

通态平均电压 $U_{T(AV)}$ 分为 A～I，对应为 0.4～1.2V 共九个级别，如 A 组 $U_{T(AV)} = 0.4V$、F 组 $U_{T(AV)} = 0.9V$。

（5）门极触发电压 U_{GT}　在室温下，晶闸管施加 6V 正向阳极电压时，使管子完全开通所必需的最小门极电流相对应的门极电压，称为门极触发电压 U_{GT}。

门极触发电压 U_{GT} 是晶闸管能够被触发导通门极所需要的触发电压的最小值。为了保证晶闸管能够可靠的触发导通，实际外加的触发电压必须大于这个最小值。触发信号通常是脉冲形式，脉冲电压的幅值可以数倍于门极触发电压 U_{GT}。

2. 电流参数

（1）额定电流 $I_{T(AV)}$（额定通态平均电流）　在环境温度小于 40℃ 和标准散热及全导通的条件下，晶闸管可以连续导通的工频正弦半波电流平均值。通常所说晶闸管是多少安就是指这个电流。

按 $I_{T(AV)}$ 的定义，由图 1-12 可分别求得通态平均电流 $I_{T(AV)}$、电流有效值 I_T、电流最大值 I_m 的三者关系为

如果正弦半波电流的最大值为 I_m，则额定电流为

$$I_{T(AV)} = \frac{1}{2\pi} \int_0^\pi I_m \sin\omega t \, \mathrm{d}(\omega t) = \frac{I_m}{\pi} \tag{1-4}$$

电流的有效值

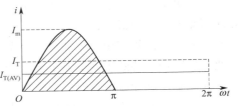

图 1-12　晶闸管的通态平均
电流、有效值、最大值

$$I_{\mathrm{T}} = \sqrt{\frac{1}{2\pi}\int_0^\pi I_{\mathrm{m}}^2 (\sin\omega t)^2 \,\mathrm{d}(\omega t)} = \frac{I_{\mathrm{m}}}{2} \tag{1-5}$$

　　然而在实际使用中，流过晶闸管的电流波形形状、波形导通角并不是一定的，各种含有直流分量的电流波形都有一个电流平均值（一个周期内波形面积的平均值），也就有一个电流有效值（均方根值）。现定义某电流波形的有效值与平均值之比为这个电流的波形系数，用 K_{f} 表示，即

$$K_{\mathrm{f}} = \frac{电流有效值}{电流平均值} \tag{1-6}$$

　　根据上式可求出正弦半波电流的波形系数为

$$K_{\mathrm{f}} = \frac{I_{\mathrm{T}}}{I_{\mathrm{T(AV)}}} = \frac{\pi}{2} = 1.57 \tag{1-7}$$

　　这说明额定电流 $I_{\mathrm{T(AV)}} = 100\mathrm{A}$ 的晶闸管，其额定电流有效值为 $I_{\mathrm{T}} = K_{\mathrm{f}} I_{\mathrm{T(AV)}} = 157\mathrm{A}$。

　　不同的电流波形有不同的平均值与有效值，波形系数 K_{f} 也不同。在选用晶闸管的时候，首先要根据管子的额定电流（通态平均电流）求出元件允许流过的最大有效电流。不论流过晶闸管的电流波形如何，只要流过元件的实际电流最大有效值 I_{Tm} 小于或等于管子的额定有效值 I_{T}，且散热冷却在规定的条件下，管芯的发热就能限制在允许范围内。由于晶闸管的电流过载能力比一般电机、电器要小得多，因此在选用晶闸管额定电流时，根据实际最大的电流计算后至少要乘以 1.5～2 的安全余量，使其有一定的电流余量，即

$$I_{\mathrm{T(AV)}} = (1.5\sim2)I_{\mathrm{Tm}}/1.57 \tag{1-8}$$

　　例 1-1　一晶闸管接在 220V 的交流电路中，通过晶闸管最大电流的有效值为 50A，问如何选择晶闸管的额定电压和额定电流？

　　解：

　　额定电压

$$U_{\mathrm{Tn}} = (2\sim3)U_{\mathrm{TM}} = (2\sim3)\sqrt{2}\times220 = 622\sim933\mathrm{V}$$

按晶闸管参数系列取 800V，即 8 级。

　　额定电流

$$I_{\mathrm{T(AV)}} = (1.5\sim2)I_{\mathrm{Tm}}/1.57 = (1.5\sim2)\times50/1.57 = 48\sim64\mathrm{A}$$

按晶闸管参数系列取 50A。

　　（2）维持电流 I_{H} 和擎住电流 I_{L}　维持电流 I_{H}：在室温且控制极开路时，维持晶闸管继续导通的最小阳极电流。

　　维持电流大的晶闸管容易关断。维持电流与元件容量、结温等因素有关，同一型号的元件其维持电流也不相同。通常在晶闸管的铭牌上标明了常温下 I_{H} 的实测值。

　　擎住电流 I_{L}：晶闸管门极加上触发脉冲使其开通过程中，当脉冲消失时要保持其维持导通所需的最小阳极电流。

　　对同一晶闸管来说，擎住电流 I_{L} 要比维持电流 I_{H} 大 2～4 倍。欲使晶闸管触发导通，必须使触发脉冲保持到阳极电流上升到擎住电流 I_{L} 以上，否则会造成晶闸管重新恢复阻断状态，因此触发脉冲必须具有一定宽度。

　　（3）门极电流 I_{GT}　室温下，在晶闸管的阳极—阴极间加上 6V 的正向电压，管子由断态转为通态所必需的最小门极电流，称为门极电流 I_{GT}。

　　3. 动态参数

（1）开通时间 t_{gt}　晶闸管在导通和阻断两种状态之间的转换并不是瞬时完成的，而需要一定的时间。当元件的导通与关断频率较高时，就必须考虑这种时间的影响。

开通时间 t_{gt}：一般规定：从门极触发电压前沿的 10% 到元件阳极电压下降至 10% 所需的时间称为开通时间 t_{gt}，普通晶闸管的 t_{gt} 约为 $6\mu s$。开通时间与触发脉冲的陡度大小、结温以及主回路中的电感量等有关。为了缩短开通时间，常采用实际触发电流比规定触发电流大 3～5 倍、前沿陡的窄脉冲来触发，称为强触发。另外，如果触发脉冲不够宽，晶闸管就不可能触发导通。一般说来，要求触发脉冲的宽度稍大于 t_{gt}，以保证晶闸管可靠触发。

（2）关断时间 t_q　关断时间 t_q：晶闸管导通时，内部存在大量的载流子。晶闸管的关断过程是：当阳极电流刚好下降到零时，晶闸管内部各 PN 结附近仍然有大量的载流子未消失，此时若马上重新加上正向电压，晶闸管仍会不经触发而立即导通，只有再经过一定时间，待元件内的载流子通过复合而基本消失之后，晶闸管才能完全恢复正向阻断能力。我们把晶闸管从正向阳极电流下降为零到它恢复正向阻断能力所需的这段时间称为关断时间 t_q。晶闸管的关断时间与元件结温、关断前阳极电流的大小以及所加反压的大小有关。普通晶闸管的 t_q 约为几十到几百微秒。

（3）通态电流临界上升率 di/dt　门极流入触发电流后，晶闸管开始只在靠近门极附近的小区域内导通，随着时间的推移，导通区才逐渐扩大到 PN 结的全部面积。如果阳极电流上升得太快，则会导致门极附近的 PN 结因电流密度过大而烧毁，使晶闸管损坏。因此，对晶闸管必须规定允许的最大通态电流上升率，称通态电流临界上升率 di/dt。

（4）断态电压临界上升率 du/dt　在晶闸管断态时，如果施加于晶闸管两端的电压上升率超过规定值，即使此时阳极电压幅值并未超过断态正向转折电压，也会由于 du/dt 过大而导致晶闸管的误导通。这是因为晶闸管的结面积在阻断状态下相当于一个电容，若突然加一正向阳极电压，便会有一个充电电流流过结面，该充电电流流经靠近阴极的 PN 结时，产生相当于触发电流的作用，如果这个电流过大，将会使元件误触发导通，因此对晶闸管还必须规定允许的最大断态电压上升率。我们把在规定条件下，晶闸管直接从断态转换到通态的最大阳极电压上升率称为断态电压临界上升率 du/dt。

六、晶闸管模块

随着大规模集成电路技术的迅速发展，将集成电路制造工艺的精细加工技术和高压大电流技术有机结合，出现了一种全新的晶闸管器件，即晶闸管模块。晶闸管模块是根据不同的用途，将多个晶闸管或二极管整合在一起，构成一个模块，集成在同一硅片上，这样大大提高了器件的集成度。据统计，目前 300A 以下的整流管、晶闸管大都以模块形式出现，如图 1-13 所示。晶闸管模块与同容量分立器件相比具有体积小、质量轻、结构紧凑、接线方便、

图 1-13　晶闸管模块

整体价格低、可靠性高等优点，在实际中应用广泛。

七、晶闸管的型号

根据新国标型号命名原则，晶闸管的型号及其含义如下：

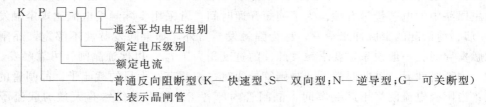

例如，KP100-8D 表示额定电流为 100A，额定电压为 800V，管压降为 0.7V 的普通晶闸管。

八、晶闸管的简单测试方法

在实际使用中，需要对晶闸管的好坏进行简单的判断，常采用万用表法进行判断。

1. 测量阳极与阴极之间的电阻

（1）万用表档位置于 $R \times 1k\Omega$ 或 $R \times 10k\Omega$，将黑表笔接在晶闸管的阳极，红表笔接在晶闸管的阴极，测量阳极与阴极之间的正向电阻 R_{AK}，观察指针摆动如图 1-14 所示。

（2）将表笔对换，测量阴极与阳极之间的反向电阻 R_{KA}，观察指针摆动，如图 1-15 所示。

结果：正反向电阻均很大。

原因：晶闸管是 4 层 3 端半导体器件，在阳极和阴极间有 3 个 PN 结，无论加何电压，总有 1 个 PN 结处于反向阻断状态，因此正反向阻值均很大。

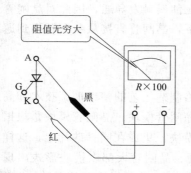

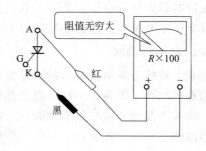

图 1-14　测量阳极和阴极间正向电阻　　　　图 1-15　测量阳极和阴极间反向电阻

2. 测量门极与阴极之间的电阻

（1）万用表档位置于 $R \times 10\Omega$ 或 $R \times 100\Omega$ 档，将黑表笔接晶闸管的门极，红表笔接晶闸管的阴极，测量门极与阴极之间的正向电阻 R_{GK}，观察指针摆动，如图 1-16 所示。

（2）将表笔对换，测量阴极与门极之间的反向电阻 R_{KG}，观察指针摆动，如图 1-17 所示。

结果：两次测量的阻值均不大，但前者小于后者。

原因：在晶闸管内部控制极和阴极之间反并联了一个二极管，对加在控制极和阴极之间的反向电压进行限幅，防止晶闸管控制极与阴极之间的 PN 结反向击穿。

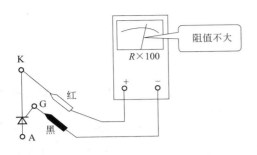

图 1-16　测量门极和阴极间正向电阻

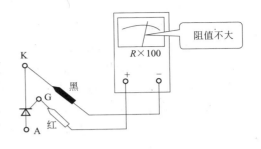

图 1-17　测量门极和阴极间反向电阻

九、晶闸管的使用

1. 晶闸管使用中应注意的问题

晶闸管除了在选用时要充分考虑安全余量以外，在使用过程中也要采用正确的使用方法，以保证晶闸管能够安全可靠运行，延长其使用寿命。关于晶闸管的使用，具体应注意以下问题。

（1）选用晶闸管的额定电流时，除了考虑通过管子的平均电流外，还应注意正常工作时导通角的大小、散热通风条件等因素。在工作中还应注意管壳温度不超过相应电流下的允许值。

（2）使用晶闸管之前，应该用万用表检查晶闸管是否良好。发现有短路或断路现象时，应立即更换。

（3）电流为 5A 以上的晶闸管要装散热器，并且保证所规定的冷却条件。使用中若冷却系统发生故障，应立即停止使用，或者将负载减小到原额定值的 1/3 做短时间应急使用。

冷却条件规定：如果采用强迫风冷方式，则进口风温不高于 40℃，出口风速不低于 5m/s。如果采用水冷方式，则冷却水的流量不小于 4000mL/min，冷却水电阻率 20kΩ·cm，pH＝6～8，进水温度不超过 35℃。

（4）保证散热器与晶闸管管体接触良好，它们之间应涂上一薄层有机硅油或硅脂，以帮助良好的散热。

（5）严禁用兆欧表（即摇表）检查晶闸管绝缘情况，如果确实需要对晶闸管设备进行绝缘检查，在检查前一定要将所有晶闸管元器件的引脚做短路处理，以防止兆欧表产生的直流高电压击穿晶闸管，造成晶闸管的损坏。

（6）按规定对主电路中的晶闸管采用过电压及过电流保护装置。

（7）要防止晶闸管门极的正向过载和反向击穿。

（8）定期对设备进行维护，如清除灰尘、拧紧接触螺钉等。

2. 晶闸管在工作中过热的原因

晶闸管在工作中过热的原因主要有以下几方面。

（1）晶闸管过载。

（2）通态平均电压即管压降偏大。

（3）断态重复峰值电流、反向重复峰值电流即正、反向断态漏电流偏大。

（4）门极触发功率偏高。

（5）晶闸管与散热器接触不良。

（6）环境和冷却介质温度偏高。

（7）冷却介质流速过低。

3. 晶闸管在运行中突然损坏的原因

引起晶闸管损坏的原因有很多，下面介绍一些常见的原因。

（1）电流方面的原因：输出端发生短路或过载，而过电流保护不完善，熔断器规格不对，快速性能不合乎要求。输出接电容滤波，触发导通时，电流上升率太大造成损坏。

（2）电压方面的原因：没有适当的过电压保护，外界因开关操作、雷击等过电压侵入或整流电路本身因换相造成换相过电压，或是输出回路突然断开而造成过电压均可损坏元器件。

（3）元器件本身的原因：元器件特性不稳定，正向电压额定值下降，造成正向硬开通；反向电压额定值下降，引起反向击穿。

（4）门极方面的原因：门极所加最高电压、电流或平均功率超过允许值；门极和阳极发生短路故障；触发电路有故障，加在门极上的电压太高，门极所加反向电压太大。

（5）散热冷却方面的原因：散热器没拧紧，温升超过允许值，或风机、水冷却泵停转，元器件温升过高使其结温超过允许值，引起内部 PN 结损坏。

课题三　晶闸管的派生器件

晶闸管从诞生以来便获得迅速发展，其性能及容量不断提高，体积越来越小，使用越来越方便，而且还派生了许多特殊晶闸管。

一、双向晶闸管

双向晶闸管是把两个反向并联的晶闸管集成在同一硅片上，用一个门极控制触发的组合型器件。这种结构使它在两个方向都具有和单只晶闸管同样的对称的开关特性，且伏安特性相当于两只反向并联的分立晶闸管，不同的是它由一个门极进行双方向控制，因此可以认为是一种控制交流功率（如电灯调光及加热器控制）的理想器件。

1. 双向晶闸管的结构

双向晶闸管的外形与普通晶闸管类似，有塑封式、螺栓式和平板式。常见的双向晶闸管外形和引脚排列如图 1-18 所示。双向晶闸管内部是一种 NPNPN 五层结构引出三个端线的器件，它有两个主电极 T_1 和 T_2，一个门极 G。如图 1-19 所示，双向晶闸管相当于两个晶闸管反并联（$P_1N_1P_2N_2$ 和 $P_2N_1P_1N_4$），不过它只有一个门极 G，由于 N_3 区的存在，使得门极 G 相对于 T_1 端无论是正或是负，都能触发，而且 T_1 相对于 T_2 既可以是正，也可以是负。

2. 触发方式

双向晶闸管有四种触发方式：如图 1-19(d) 所示，Ⅰ＋、Ⅰ－表示 T_1、T_2 间加正向电压时，正、负门极脉冲能触发晶闸管导通；Ⅲ＋、Ⅲ－表示 T_1、T_2 间加反向电压时，正、负门极脉冲能触发晶闸管导通。四种触发方式的灵敏度各不相同，其中Ⅲ＋方式最低，在实际应用中常采用Ⅰ＋和Ⅲ－两种触发方式。

双向晶闸管与一对反并联晶闸管相比是经济的，并且控制电路比较简单，但有以下局限性。

（1）双向晶闸管重复施加 du/dt 的能力差，这使它难以用于感性负载。

（2）门极触发灵敏度比较低。

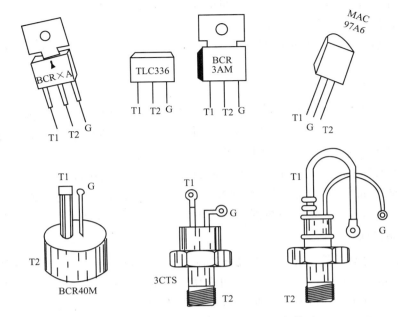

图 1-18　常见双向晶闸管外形和引脚排列

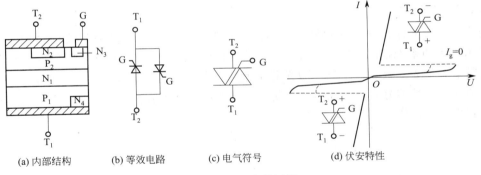

(a) 内部结构　　(b) 等效电路　　(c) 电气符号　　(d) 伏安特性

图 1-19　双向晶闸管

（3）管子的关断时间 t_q 比较长。

（4）由于双向晶闸管通常用在交流电路中，因此不用平均值而用有效值来表示它的额定电流值。以额定电流为 200A（有效值）双向晶闸管为例，其峰值电流为 $200\sqrt{2}=283A$ 为即峰值为 283A 的普通晶闸管的平均电流值为 $283A/\pi=90A$，所以一个额定电流为 200A（有效值）的双向晶闸管相当于两个额定电流为 90A（平均值）的普通晶闸管的反并联。

3. 双向晶闸管的测试

（1）电极的判定　一般可先从器件外形识别引脚排列，如图 1-18 所示，多数的小型塑封双向晶闸管，面对印字面，引脚朝下，则从左向右的排列顺序是主电极 1、主电极 2、门极。

（2）好坏测试　将万用表置于 $R\times100$ 档或 $R\times1k$ 档，测量双向晶闸管的主电极 T_1、主电极 T_2 之间的正、反向电阻应近似无穷大，测量主电极 T_2 与门极 G 之间的正、反向电阻也应近似无穷大。如果测得的电阻都很小，则说明被测双向晶闸管的极间已击穿或漏电短路，性能不良，不宜使用。

将万用表置于 $R\times1$ 档或 $R\times10$ 档，测量双向晶闸管主电极 T_1 与门极 G 之间的正、反向电阻，若读数在几十欧至一百欧之间，则为正常，且测量 G、T_1 极间正向电阻时的读数要比反向电阻稍微小一些。如果测得 G、T_1 极间的正、反向电阻均为无穷大，则说明被测晶闸管已开路损坏。

二、快速晶闸管

快速晶闸管包括所有专为快速应用而设计的晶闸管，有常规的快速晶闸管和工作在更高频的高频晶闸管，可分别应用于 400Hz 和 10kHz 以上的斩波或逆变电路中。由于对普通晶闸管的管芯结构和制造工艺进行了改进，快速晶闸管的开关时间以及 du/dt 和 di/dt 都有明显改善。从关断时间看，普通晶闸管关断时间数百微秒，快速晶闸管数十微秒，高频晶闸管 $10\mu s$ 左右。与普通晶闸管相比，高频晶闸管的不足在于其电压和电流定额都不易做高。由于工作频率较高，选择快速晶闸管的通态平均电流时不能忽略其开关损耗的发热效应。

三、逆导晶闸管

逆导晶闸管是将晶闸管反并联一个二极管制作在同一管芯上的功率集成器件，这种器件不具有承受反向电压的能力，一旦承受反向电压即开通。如图 1-20 所示。与普通晶闸管相比，逆导晶闸管具有正向压降小、关断时间短、高温特性好、额定结温高等优点，可用于不需要阻断反向电压的电路中。逆导晶闸管的额定电流有两个，一个是晶闸管电流，一个是与它反并联的二极管电流。

四、光控晶闸管

光控晶闸管又称光触发晶闸管，是利用一定波长的光照信号触发导通的晶闸管，如图 1-21 所示。小功率光控晶闸管只有阳极和阴极两个端子，大功率光控晶闸管的门极带有光缆，光缆上有发光二极管或半导体激光器作为触发光源。由于主电路与触发电路之间有光电隔离，因此绝缘性能好，可避免电磁干扰。目前光控晶闸管在高压直流输电和高压核聚变装置中得到广泛的应用。

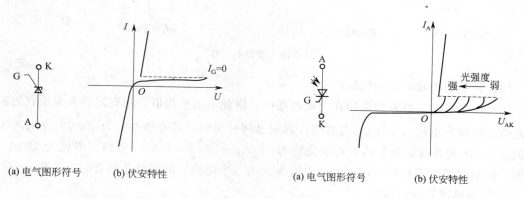

(a) 电气图形符号   (b) 伏安特性

图 1-20　逆导晶闸管的电气
图形符号和伏安特性

(a) 电气图形符号   (b) 伏安特性

图 1-21　光控晶闸管的电气
图形符号和伏安特性

课题四　晶闸管的驱动电路

晶闸管由阻断转为导通，除在阳极和阴极间加正向电压外，还须在控制极和阴极间加合适的正向触发电压。提供正向触发电压的电路称为触发电路。触发电路将在项目二中详细讲解，触发控制电路与主电路间有必要进行有效的电气隔离，保证电路可靠地工作，隔离可采用变压器、光耦隔离器。

　　如图 1-22 所示采用变压器隔离的晶闸管驱动电路，当控制系统发出的高电平驱动信号加至晶体管放大器后，变压器 T_r 输出电压经 VD_2 输出脉冲电流 I_g 触发晶闸管导通。当控制系统发出的驱动信号为零后，VD_1、VT_1 续流，T_r 的一次电压迅速降为零，防止变压器饱和。

　　如图 1-23 所示是采用光耦隔离的晶闸管驱动电路，当控制系统发出驱动信号到光耦输入端时，光耦输出电路中 R 上的电压产生脉冲电流 I_g 触发晶闸管导通。

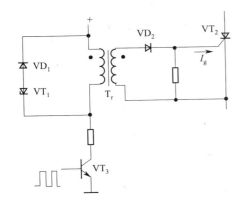
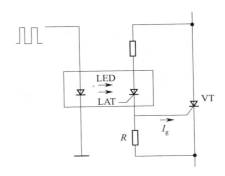

图 1-22　变压器隔离的晶闸管驱动电路　　　　　图 1-23　光耦隔离的晶闸管驱动电路

课题五　晶闸管的保护

　　晶闸管虽然有很多优点，但与其他电气设备相比，承受过电压与过电流能力很差，承受的电压上升率 du/dt、电流上升率 di/dt 也不高。在实际应用时，由于各种原因，总会发生一些情况造成晶闸管的损坏。为使晶闸管装置能正常工作而不损坏，只靠合理选择元件还不行，还要设计完善的保护环节。

一、过电压保护

　　凡是超过晶闸管正常工作时承受的最大峰值电压都是过电压。

　　1. 过电压的分类

　　晶闸管的过电压分类形式有多种，最常见的分类有以下两种形式。

　　（1）按原因分类

　　① 浪涌过电压，即由于外部原因，如雷击、电网激烈波动或干扰等产生的过电压。这种过电压的发生具有偶然性，它能量特别大、电压特别高，必须将其值限制在晶闸管的断态正反向不重复峰值电压 U_{DSM}、U_{RSM} 之下。

　　② 操作过电压，即在操作过程中，由于电路状态变化时积聚的电磁能量不能及时消散所产生的过电压。如晶闸管关断、开关的突然闭合与关断等所产生的过电压就属于操作过电压。这种过电压发生频繁，必须将其限制在晶闸管的额定电压 U_{Tn} 以内。

　　（2）按位置分类　根据晶闸管装置发生过电压的位置，过电压又可分为交流侧过电压、晶闸管关断过电压及直流侧过电压。

2. 晶闸管关断过电压及其保护

在关断时刻，晶闸管电压波形出现的反向尖峰电压（毛刺）就是关断过电压。如图 1-24 所示，以 VT_1 为例，当 VT_2 导通强迫 VT_1 关断时，VT_1 承受反向阳极电压，又由于管子内部还存在着大量的载流子，这些载流子在反向电压作用下，将产生较大的反向电流，使残存的载流子迅速消失。由于载流子电流消失非常快，此时 di/dt 很大，即使电感很小，也会在变压器漏抗上产生很大的感应电动势，其值可达到工作电压峰值的 $5 \sim 6$ 倍，通过导通的 VT_2 加在 VT_1 的两端，可能使 VT_1 反向击穿。

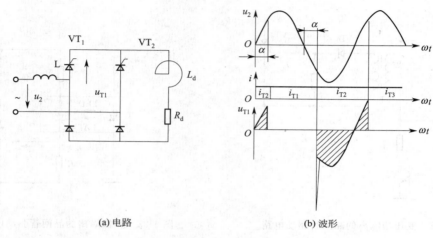

(a) 电路 (b) 波形

图 1-24 晶闸管关断过电压波形

保护措施：最常用的方法是在晶闸管两端并接阻容吸收电路，如图 1-25 所示。利用电容电压不能突变的特性吸收尖峰过电压，把它限制在允许的范围内。R、L、C 与交流电源组成串联振荡电路，可限制管子开通时的电流上升率。因 VT 承受正向电压时，C 被充电，当 VT 被触发导通时，C 要通过 VT 放电，如果没有 R 限流，此放电电流会很大，容易损坏元件。

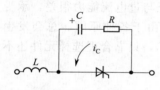

图 1-25 阻容吸收电路

3. 晶闸管交流侧过电压及其保护

（1）交流侧操作过电压 由于接通和断开交流侧电源时会使电感元件积聚的能量骤然释放引起的过电压称为操作过电压。这种过电压通常发生在以下几种情况。

① 整流变压器一次、二次绕组之间存在分布电容，当在一次侧电压峰值时合闸，将会使二次侧产生瞬间过电压。

保护措施：可在变压器二次侧星形中点与地之间加一电容器，也可在变压器一、二次绕组间加屏蔽层。

② 与整流装置相连的其他负载切断时，由于电流突然断开，会在变压器漏感中产生感应电动势，造成过电压；当变压器空载，电源电压过零时，一次拉闸造成二次绕组中感应出很高的瞬时过电压。

保护措施：这两种情况产生的过电压都是瞬时的尖峰电压，常用阻容吸收电路或整流式阻容加以保护。交流侧阻容吸收电路的几种接法如图 1-26 所示。

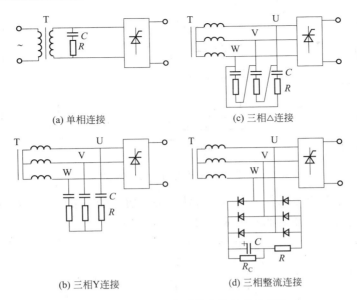

图 1-26 交流侧阻容吸收电路的几种接法

（2）交流侧浪涌过电压 由于雷击或从电网侵入的高电压干扰而造成晶闸管过电压，称为浪涌过电压。阻容吸收保护只适用于峰值不高、过电压能量不大及要求不高的场合，要抑制浪涌过电压可采用硒堆元件或压敏电阻来保护。

① 硒堆由成组串联的硒整流片构成，其接线方式如图 1-27 所示，在正常工作电压时，硒堆总有一组处于反向工作状态，漏电流很小，当浪涌电压来到时，硒堆被反向击穿，漏电流猛增以吸收浪涌能量，从而限制了过电压的数值。硒片击穿时，表面会烧出灼点，但浪涌电压过去之后，整个硒片自动恢复，所以可反复使用，继续起保护作用。

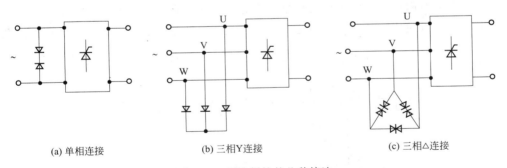

图 1-27 硒堆保护的几种接法

② 金属氧化物压敏电阻是由氧化锌、氧化铋等烧结制成的非线性电阻元件，具有正、反向相同的很陡的伏安特性。正常工作时，漏电流仅是微安级，故损耗小；当浪涌电压来到时，反应快，可通过数千安培的放电电流。因此抑制过电压的能力强。加上它体积小、价格便宜等优点，是一种较理想的保护元件，可以用它取代硒堆，其接线方式如图 1-28 所示。

4. 晶闸管直流侧过电压及其保护

当整流器在带负载工作中，如果直流侧突然断路，例如快速熔断器突然熔断、晶闸管烧断或拉断直流开关，都会因大电感释放能量而产生过电压，并通过负载加在关断的晶闸管上，使晶闸管承受过电压。

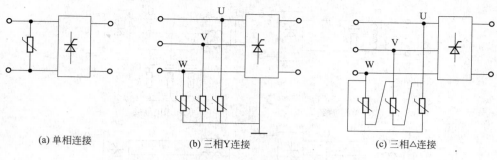

(a) 单相连接　　　　　(b) 三相Y连接　　　　　(c) 三相△连接

图 1-28　压敏电阻的几种接法

　　直流侧保护采用与交流侧保护同样的方法。对于容量较小装置，可采用阻容保护抑制过电压；如果容量较大，选择硒堆或压敏电阻，如图 1-29 所示。

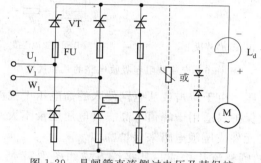

图 1-29　晶闸管直流侧过电压及其保护

二、过电流保护

　　凡是超过晶闸管正常工作时承受的最大峰值电流都是过电流。

　　产生过电流原因很多，但主要有以下几个方面：有变流装置内部管子损坏；触发或控制系统发生故障；可逆传动环流过大或逆变失败；交流电压过高、过低、缺相及负载过载等。

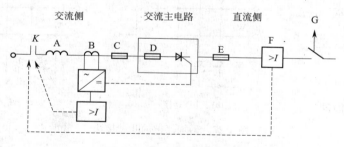

图 1-30　晶闸管装置可能采用的过电流保护措施

A—交流进线电抗器；B—电流检测和过电流继电器；

C，D，E—快速熔断器；F—过电流继电器；G—直流快速开关

　　常用的过电流保护方法有下面几种，如图 1-30 所示。

　　（1）在交流进线中串接电抗器或采用漏抗较大的变压器（图中 A），利用电抗是限制短路电流，保护晶闸管的有效措施。缺点是它在负载上有电压降。

　　（2）电流检测和过电流继电器保护（图中 B、F）。继电器可以装在交流侧或直流侧，在发生过电流故障时动作，使交流侧自动开关或直流侧接触器跳闸。由于过电流继电器和自动开关

或接触器动作需要几百毫秒，所以只能在短路电流不大时，才能对晶闸管起保护作用。另一类是过电流信号控制晶闸管触发脉冲快速后移至 $\alpha > 90°$ 区域，使装置工作在逆变状态（后面章节介绍），使输出端瞬时值出现负电压，迫使故障电流迅速下降，此方法称为拉逆变保护。

（3）直流快速开关保护（图中 G），对于大容量、要求高、容易短路的场合，可采用动作时间只有 2ms 的直流快速开关，它可以优于快速熔断器熔断而保护晶闸管，但此方法昂贵且复杂，因此使用不多。

（4）快速熔断器（图中 C、D、E），是最简单有效的过电流保护元件。与普通熔断器相比，它具有快速熔断特性，在流过 6 倍额定电流时，熔断时间小于 20ms。目前常用的有：RLS 系列、ROS 系列、RS3 系列、RSF 系列可带熔断撞针指示和微动开关动作指示。快速熔断器实物图如图 1-31 所示。在流过通常的短路电流时，快速熔断器能保证在晶闸管损坏之前，切断短路电流。

图 1-31　快速熔断器实物图

快速熔断器可以接在交流侧、直流侧和晶闸管桥臂串联，如图 1-32 所示，后者保护效果最好。在与晶闸管串联时，快速熔断器的选择为 $1.57 I_{T(AV)} = I_{RD} = I_{TM}$，其中 I_{RD} 为快速熔断器的电流有效值，$I_{T(AV)}$ 为晶闸管的额定电流，I_{TM} 为晶闸管的实际最大电流有效值。

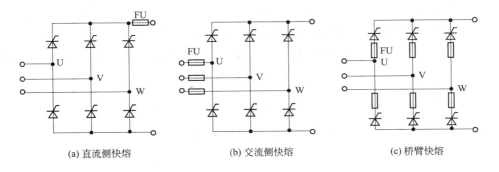

图 1-32　快速熔断器的连接方法

课题六　晶闸管的容量扩展

为了满足高耐压、大电流的要求，就必须采取晶闸管的容量扩展技术，即用多个晶闸管串联来满足高电压要求，用多个晶闸管并联来满足大电流要求，甚至可以采取晶闸管装置的串并联来满足要求。

一、晶闸管的串联

当要求晶闸管应有的电压值大于单个晶闸管的额定电压时，可以用两个以上同型号的晶闸管相串联。串联的晶闸管必须都是同一型号的，但由于晶闸管制造时参数就存在离散性，在其阳极反向耐压截止时，虽然流过的是同一个漏电流，但每只管子实际承受的反向阳极电压却不同，出现了串联不均压的问题。如图 1-33(a) 所示，严重时可能造成器件损坏，因此还要采用均压措施。

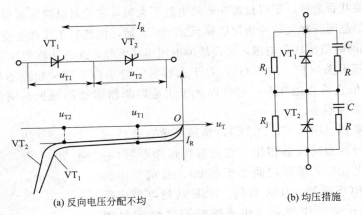

(a) 反向电压分配不均   (b) 均压措施

图 1-33   串联时反向电压分配和均压措施

均压措施采用静态均压和动态均压。静态均压的方法是在串联的晶闸管上并联阻值相等的电阻 R_j，如图 1-33(b) 所示。均压电阻 R_j 能使平稳的直流或变化缓慢的电压均匀分配在串联的各个晶闸管上。而在导通和关断过程中，瞬时电压的分配决定于各晶闸管的结电容、导通与关断时间及外部脉冲等因素，所以静态均压方法不能实现串联晶闸管的动态均压。

动态均压的方法是在串联的晶闸管上并联等值的电容 C，但为了限制管子开通时，电容放电产生过大的电流上升率，并防止因并接电容使电路产生振荡，通常在并接电容的支路串接电阻 R，成为 RC 支路，如图 1-33(b) 所示。在实际线路中，晶闸管的两端都并联了 RC 吸收电路，在晶闸管串联均压时不必另接 RC 电路了。

虽然采取了均压措施，但仍然不可能完全均压，因此在选择每个管子的额定电压时，应按下式计算

$$U_{Tn} = \frac{(2 \sim 3)U_{TM}}{(0.8 \sim 0.9)n}$$

式中，n 为串联元件的个数；0.8～0.9 为考虑不均压因素的计算系数。

二、晶闸管的并联

当要求晶闸管应有的电流值大于单个晶闸管的额定电流时，就需要将两个以上的同型号的晶闸管并联使用。虽然并联的晶闸管必须都是同一型号的，但由于参数的离散性，晶闸管正向导通时，承受相同的阳极电压，但每只管子实际流过的正向阳极电流却不同，出现了不均流问题，如图 1-34(a) 所示，因此还要采用均流措施。

均流措施分为电阻均流和电抗均流。电阻均流是在并联的晶闸管中串联电阻，如图 1-34(b) 所示。由于电阻功耗较大，所以此方法只适用于小电流晶闸管。

电抗均流是用一个电抗器接在两个并联的晶闸管电路中，均流原理是利用电抗器中感应电动势的作用，使管子的电流大的支路电流有减小的趋势，使管子电流小的支路电流有增大的趋势，达到均流，如图 1-34(c) 所示。

晶闸管并联后，尽管采取了均流措施，电流也不可能完全平均分配，因而选择晶闸管额定电流时，应按下式计算

$$I_{T(AV)} = \frac{(1.5 \sim 2)I_{TM}}{(0.8 \sim 0.9)1.57n}$$

式中，n 为并联元件的个数；0.8～0.9 为考虑不均流因素的计算系数。

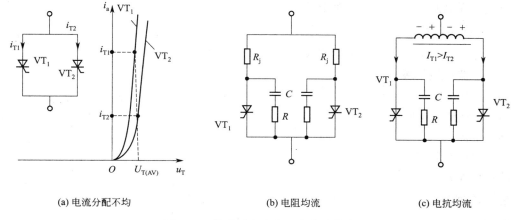

(a) 电流分配不均　　　　　　　(b) 电阻均流　　　　　　　(c) 电抗均流

图 1-34　并联时电流分配和均流措施

晶闸管串、并联时，除了选用特性尽量一致的管子外，管子的开通时间也要尽量一致，因此要求触发脉冲前沿要陡，幅值要大的强触发脉冲。

三、晶闸管装置串并联

在高电压、大电流变流装置中，还广泛采用如图 1-35 所示的变压器二次绕组分组分别对独立的整流装置供电，然后整流装置成组串联（适用于高电压），成组并联（适用于大电流），使整流指标更好。

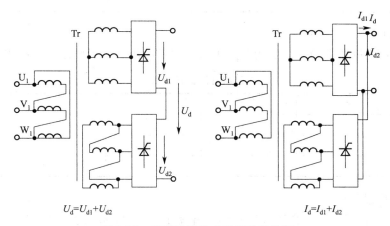

$U_d = U_{d1} + U_{d2}$　　　　　　　　　　$I_d = I_{d1} + I_{d2}$

图 1-35　变流装置的成组串联和并联

实践技能训练

实训　晶闸管和双向晶闸管的简单测试及
晶闸管的导通、关断条件

一、实训目标

（1）认识晶闸管的外形结构，能辨别晶闸管的型号，掌握测试晶闸管好坏的方法。

（2）认识双向晶闸管的外形结构，掌握测试晶闸管好坏的方法。

（3）研究晶闸管的导通、关断条件。

二、实训器材

（1）晶闸管导通、关断实验电路板。

（2）直流稳压电源。

（3）万用表。

（4）晶闸管（3只）。

（5）电流表。

（6）双向晶闸管。

（7）导线若干。

三、实训步骤

1. 晶闸管的外形结构认识

观察晶闸管结构，认真察看并记录元器件的有关信息，包括型号、电压、电流、结构类型等。整理晶闸管型号记录并填写下面表格。

晶闸管型号记录表

项　目	型　　号	额定电压	额定电流	结构类型
1				
2				
3				

2. 测量晶闸管

根据晶闸管测量要求和方法，用万用表认真测量晶闸管各引脚之间的电阻值并记录。

晶闸管测量记录表

项　目	R_{AK}	R_{KA}	R_{KG}	R_{GK}	结论
1					
2					
3					

3. 测量双向晶闸管

根据双向晶闸管测量要求和方法，用万用表认真测量晶闸管各引脚之间的电阻值并记录。

双向晶闸管测量记录表

项　目	R_{T1T2}	R_{T2T1}	R_{T1G}	R_{GT1}	结　论
1					

4. 检测晶闸管的导通条件（如图1-36所示）

（1）先将 $S_1 \sim S_3$ 断开，闭合 S_4，加30V正向阳极电压。然后让门极开路或接-4.5V电压，观察晶闸管是否导通，灯泡是否亮。

（2）加30V反向阳极电压，门极开路、接-4.5V或$+4.5$V电压，观察晶闸管是否导通，灯泡是否亮。

（3）阳极、阴极都加正向电压，观察晶闸管是否导通，灯泡是否亮。

（4）灯亮后，去掉门极电压，看灯泡是否亮；再加－4.5V 反向门极电压，看灯泡是否继续亮，为什么？

5. 检测晶闸管的关断条件（如图 1-36 所示）

（1）接＋30V 电源，再接通 4.5V 正向门极电压使晶闸管导通，灯泡亮，然后断开门极电压。

（2）去掉 30V 阳极电压，观察灯泡是否亮。

（3）接通 30V 正向阳极电压及正向门极电

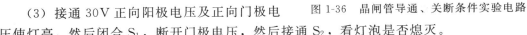
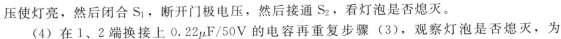

图 1-36　晶闸管导通、关断条件实验电路

压使灯亮，然后闭合 S_1，断开门极电压，然后接通 S_2，看灯泡是否熄灭。

（4）在 1、2 端换接上 0.22μF/50V 的电容再重复步骤（3），观察灯泡是否熄灭，为什么？

（5）再把晶闸管导通，断开门极电压，然后闭合 S_3，再立即打开 S_3，观察灯泡是否熄灭，为什么？

（6）断开 S_4，再使晶闸管导通，断开门极电压。逐渐减小阳极电压，当电流表指针由某值突然降到零时该值就是被测晶闸管的维持电流。此时再增大阳极电压，灯泡已经不再发亮，说明晶闸管已经关断。

四、实训报告要求

（1）根据实训记录判断被测晶闸管和双向晶闸管的好坏，写出简易判断的方法。

（2）根据实训内容写出晶闸管导通和关断条件，并记录维持电流。

（3）说明关断电容的作用及电容值大小对晶闸管关断的影响。

（4）写出实训的心得与体会。

思考题与习题

1. 晶闸管的导通条件是什么？导通后流过晶闸管的电流大小取决于什么？晶闸管的关断条件是什么？如何实现？导通和关断时其两端电压为多少？

2. 调试图 1-37 所示晶闸管电路，在断开负载 R_d 测量输出电压 U_d 是否可调时，发现电压表读数不正常，接上 R_d 后一切正常，请分析为什么？

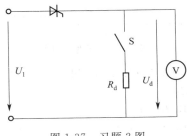

图 1-37　习题 2 图

3. 说明晶闸管型号规格 KP200-7E 代表的意义。

4. 画出图 1-38 所示电路电阻 R_d 上的电压波形。

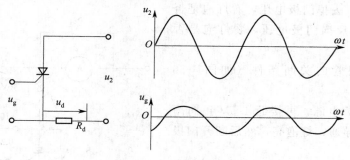

图 1-38　习题 4 图

5. 如图 1-39 所示，型号为 KF100-3，维持电流 4mA 的晶闸管，在以下电路中使用是否合理？为什么？（未考虑电压、电流安全余量）

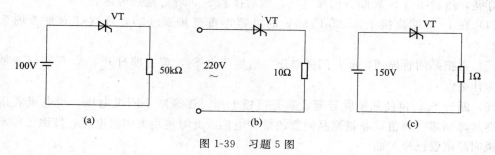

图 1-39　习题 5 图

6. 晶闸管的额定电流和其他电气设备的额定电流有什么不同？

7. 某晶闸管元件测得 $U_{DRM}=840V$，$U_{RRM}=980V$，试确定此晶闸管的额定电压是多少？属于哪个电压等级？

8. 双向晶闸管额定电流参数是如何定义的？额定电流为 100A 的双向晶闸管若用普通晶闸管反并联代替，普通晶闸管的额定电流应选多大？

9. 画出双向晶闸管的图形符号，并指出它有哪几种触发方式？一般选用哪几种？

10. 说明图 1-40 所示的电路，指出双向晶闸管的触发方式。

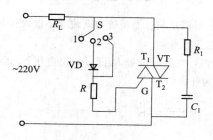

图 1-40　习题 10 图

11. 指出图 1-41 中。①～⑦各元件及 VD 与 L_d 的作用。

12. 晶闸管电流的波形系数定义为（　　）

A. $K_f=I_{dT}/I_T$ 　　　　　　　B. $K_f=I_T/I_{dT}$

C. $K_f=I_{dT}I_T$ 　　　　　　　D. $K_f=I_{dT}-I_T$

13. 造成在不加门极触发电压，即能使晶闸管从阻断状态转为导通状态的非正常情况有两个原因：一是阳极电压上升率 du/dt 过大，二是（　　）

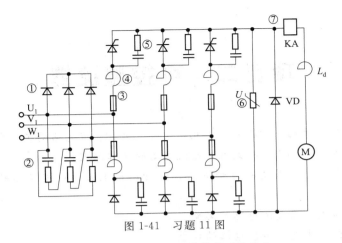

图 1-41　习题 11 图

14. 对于同一晶闸管，维持电流 I_H 与擎住电流 I_L 的数值关系是什么？

15. 多个晶闸管相并联时必须考虑什么问题？解决的方法是什么？多个晶闸管相串联时必须考虑什么问题？解决方法是什么？

项目二　可控整流器

【学习目标】

- 掌握单相半波、单相全控桥式、单相半控桥式可控整流电路的工作原理。
- 掌握三相半波、三相全控桥式可控整流电路的工作原理。
- 能对各种可控整流电路进行波形分析，进行输出电压、电流等参数的计算及元件的选择。
- 了解变压器漏电抗对整流电路的影响。
- 了解可控整流主电路对触发电路的要求。
- 了解单结晶体管结构及工作原理，会用万用表测试其极性及好坏，掌握单结晶体管触发电路的工作原理。
- 了解锯齿波触发电路、集成触发电路及数字触发电路的工作原理。
- 掌握锯齿波触发电路和集成触发电路的调试方法。
- 学会运用所学的理论知识去分析和解决实际系统中出现的各种问题，提高分析问题和解决问题的能力。

晶闸管具有单向可控导电性，因此在电力电子技术中可控整流是晶闸管的最基本应用之一，即把输入的交流电变换成大小可调的单一方向直流电，此过程称为可控整流。它的应用很广泛，可以为要求电压可调的直流用电设备供电，在工业生产上，如调压调速直流电源、电炉的温度控制、电解及电镀用的直流电源等。

可控整流电路种类很多，单相可控整流电路因其具有电路简单、投资少和制造、调试、维修方便等优点，一般给 4kW 以下容量的负载供电，对于容量超过 4kW 的负载，采用三相可控整流电路。按电路所取用的电源和电路结构的不同可控整流电路的分类如图 2-1 所示。

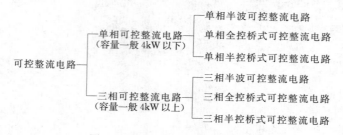

图 2-1　可控整流电路的分类图

如图 2-2 所示的是晶闸管可控整流装置的原理框图，主要由整流变压器 TR、同步变压器 TS、晶闸管主电路、触发电路、负载等几部分组成。

可控整流电路的输入端通过整流变压器 TR 接在交流电网上，输入电压是交流电，输出端接负载，输出的是可在一定范围内变化的直流电压，负载可以是电阻性负载（如电炉、电热器、电焊机和白炽灯等）、大电感负载（如直流电动机的励磁绕组、滑差电动机的电枢线圈等）以及反电动势负载（如直流电动机的电枢反电动势、充电状态下的蓄电池等）。只要改变触发电路所提供的触发脉冲送出的迟早，就能改变晶闸管在交流电压 u_2 一个周期内导通的时间，从而调节负载上得到的直流电压平均值的大小。

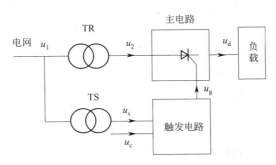

图 2-2　晶闸管可控整流装置原理框图

课题一　单相可控整流电路

一、单相半波可控整流电路

1. 电阻性负载

（1）特点　电炉、电热器、电焊机和白炽灯等均属于电阻性负载。根据《电工基础》：如果负载是纯电阻，则负载两端电压波形和流过的电流始终同相位，波形相似，其电流、电压均允许突变。

（2）波形分析　图 2-3(a) 所示为单相半波电阻性负载可控整流电路，由晶闸管 VT、负载电阻 R_d 及单相整流变压器 Tr 组成。Tr 用来变换电压，将一次侧电网电压 u_1 变成二次侧电压 u_2，u_2 为二次侧正弦电压瞬时值；u_d，i_d 分别为整流输出电压瞬时值和负载电流瞬时值；u_T，i_T 分别为晶闸管两端电压瞬时值和流过的电流瞬时值；i_1，i_2 分别为流过整流变压器一次侧绕组和二次侧绕组电流的瞬时值。

交流电压 u_2 通过 R_d 施加到晶闸管的阳极和阴极两端，在 $0 \sim \pi$ 区间的 ωt_1 之前，晶闸管虽然承受正向电压，但因触发电路尚未向门极送出触发脉冲，所以晶闸管仍保持阻断状态，无直流电压输出，晶闸管 VT 承受全部 u_2 电压。

在 ωt_1 时刻，触发电路向门极送出触发脉冲 u_g，晶闸管被触发导通。若管压降忽略不计，则负载电阻 R_d 两端的电压波形 u_d 就是变压器二次侧 u_2 的波形，流过负载的电流 i_d 波形与 u_d 相似。由于二次侧绕组、晶闸管以及负载电阻是串联的，故 i_d 波形也就是 i_T 及 i_2 的波形，如图 2-3(b) 所示。

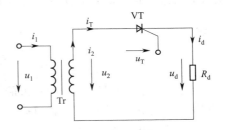

(a) 电路图

(b) 波形图

图 2-3　单相半波电阻性负载
可控整流电路及波形图

在 $\omega t = \pi$ 时，u_2 下降到零，晶闸管阳极电流也下降到零而被关断，电路无输出。

在 u_2 的负半周即 $\pi \sim 2\pi$ 区间，由于晶闸管承受反向电压而处于反向阻断状态，负载两端电压 u_d 为零。u_2 的下一个周期将重复上述过程。

（3）重要名词

① 控制角：从晶闸管开始承受正向阳极电压，到触发脉冲出现之间的电角度称为控制角（亦称移相角），用 α 表示。如图 2-3(b) 所示。

② 导通角：晶闸管在一个周期内导通的电角度称为导通角，用 θ_T 表示。如图 2-3(b) 所示。

③ 移相：改变 α 的大小即改变触发脉冲在每个周期内出现的时刻称为移相。移相是为了改变晶闸管的导通时间，最终改变输出直流电压的平均值，这种控制方式称为相控。

④ 移相范围：α 的变化范围。在单相半波可控整流电路电阻性负载中 α 的移相范围为 $0 \sim \pi$，对应的 θ_T 的导通范围为 $\pi \sim 0$，两者关系为 $\alpha + \theta_T = \pi$。

（4）各电量的计算

① 输出直流电压的平均值 U_d 和输出直流电流平均值 I_d U_d 是 u_d 波形在一个周期内面积的平均值，直流电压表测得的即为此值。

$$U_d = \frac{1}{2\pi}\int_\alpha^\pi \sqrt{2}U_2 \sin\omega t\, d(\omega t) = 0.45U_2 \frac{1+\cos\alpha}{2} \tag{2-1}$$

$$\frac{U_d}{U_2} = 0.45 \frac{1+\cos\alpha}{2} \tag{2-2}$$

当 $\alpha = 0$ 时，则 $U_d = 0.45U_2$ 为最大输出直流电压平均值；当 $\alpha = \pi$ 时，$U_d = 0$。只要控制触发脉冲送出的时刻，U_d 就可以在 $0 \sim 0.45U_2$ 之间连续可调。

输出直流电流平均值 I_d

$$I_d = \frac{U_d}{R_d} \tag{2-3}$$

工程上为了计算方便，有时不用式(2-1) 进行计算，而是按式(2-2) 先作出表格供查阅计算，见表 2-1。

表 2-1   各电量与控制角 α 的关系

α	0°	30°	60°	90°	120°	150°	180°
U_d/U_2	0.45	0.42	0.338	0.225	0.113	0.03	0
I_{VT}/I_d	1.57	1.66	1.88	2.22	2.78	3.98	—
$\cos\varphi$	0.707	0.698	0.635	0.508	0.302	0.120	—

② 输出电压有效值 U 与输出电流有效值 I 直流输出电压有效值 U

$$U = \sqrt{\frac{1}{2\pi}\int_\alpha^\pi (\sqrt{2}U_2 \sin\omega t)^2\, d(\omega t)} = U_2\sqrt{\frac{1}{4\pi}\sin 2\alpha + \frac{\pi-\alpha}{2\pi}} \tag{2-4}$$

输出电流有效值 I

$$I = \frac{U}{R_d} \tag{2-5}$$

③ 晶闸管电流有效值和变压器二次侧电流有效值   单相半波可控整流电路中，负载、晶闸管和变压器二次侧流过相同的电流，故其有效值相等，即：

$$I = I_T = I_2 = \frac{U}{R_d} \tag{2-6}$$

④ 功率因数 $\cos\phi$　功率因数是变压器二次侧有功功率与视在功率的比值。

$$\cos\phi = \frac{P}{S} = \frac{UI_2}{U_2 I_2} = \sqrt{\frac{1}{4p}\sin 2\alpha + \frac{p-\alpha}{2p}} \tag{2-7}$$

当 $\alpha = 0$ 时，$\cos\phi$ 最大为 0.707，变压器的最大利用率也仅有 70%。α 越大，$\cos\phi$ 越小，设备利用率就越低。

⑤ 晶闸管承受的最大正、反向电压 $U_{TM} = \sqrt{2}U_2$，α 的移相范围为 $0 \sim \pi$。

例 2-1　单相半波可控整流电路，电阻性负载。要求输出的直流平均电压为 $50 \sim 92V$ 之间连续可调，最大输出直流平均电流为 30A，直接由交流电网 220V 供电，试求：

(1) 控制角 α 的可调范围。

(2) 负载电阻的最大有功功率及最大功率因数。

(3) 选择晶闸管型号规格（安全余量取 2 倍）。

解：

(1) 当 $U_d = 50V$ 时，$\cos\alpha = \frac{2 \times 50}{0.45 \times 220} - 1 \approx 0$　$\alpha = 90°$

或由查表得，$U_d / U_2 = 50/220 \approx 0.227$　$\alpha = 90°$

当 $U_d = 92V$ 时，

$$\cos\alpha = \frac{2 \times 92}{0.45 \times 220} - 1 \approx 0.87 \qquad \alpha = 30°$$

或由查表得，$U_d / U_2 = 92/220 \approx 0.418$　$\alpha = 30°$

(2) $\alpha = 30°$ 时，输出直流电压平均值最大为 92V，这时负载消耗的有功功率也最大，可求得：

$$I = 1.66 \times I_d = 1.66 \times 30 = 50A$$

$$\cos\varphi \approx 0.693$$

$$P = I^2 R_d = 50^2 \times \frac{92}{30} = 7667W$$

(3) 选择晶闸管。因 $\alpha = 30°$ 时，流过晶闸管的电流有效值最大为 50A，所以，

$$I_{T(AV)} = 2 \times \frac{I_{Tm}}{1.57} = 2 \times \frac{50}{1.57} = 64A$$

取 100A。

晶闸管的额定电压为：

$$U_{Tn} = 2U_{TM} = 2 \times \sqrt{2} \times 220 = 624V$$

取 700V。

故选择 KP100-7 型号的晶闸管。

2. 电感性负载

(1) 特点　在工业生产中，很多负载既有阻性又有感性，如直流电动机的励磁线圈、滑差电动机的电枢线圈以及输出串接平波电抗器的负载等，均属于电感性负载。当直流负载的感抗 ωL_d 和负载电阻 R_d 的大小相比不可以忽略时，这种负载称为电感性负载。当 $\omega L_d \geqslant 10R_d$ 时，此时的负载称为大电感负载。为了便于分析，通常等效为电阻与电感串联，如图 2-4 所示。

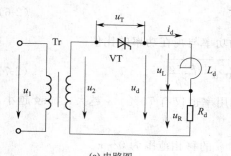

(a) 电路图

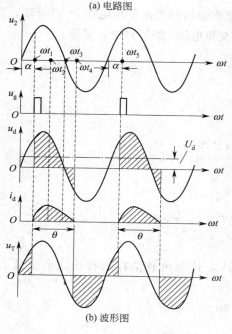

(b) 波形图

图 2-4　单相半波电感性负载
可控整流电路及波形图

根据《电工基础》：如果负载是感性，由于电感对变化的电流有阻碍作用，所以流过负载的电流与负载两端的电压有相位差，电压相位超前，而电流滞后，电压允许突变，而电流不允许突变。

（2）无续流二极管时的波形分析　电感线圈是储能元件，当电流 i_d 流过线圈时，该线圈就储存有磁场能量，i_d 愈大，线圈储存的磁场能量也愈大。随着 i_d 逐渐减小，电感线圈就要将所储存的磁场能量释放出来，试图维持原有的电流方向和大小。因此流过电感中的电流是不能突变的，电感本身是不消耗能量的。当流过电感线圈 L_d 中的电流变化时，要产生自感电动势，其大小为 $e_L = -L_d di_d/d_t$，它将阻碍电流的变化。当 i 增大时，e_L 阻碍电流增大，产生的 e_L 极性为上正下负；当 i 减小时，阻碍电流减小，产生的 e_L 极性为上负下正。电感线圈既是储能元件，又是电流的滤波元件，它使负载电流波形平滑。

在 $0 \leqslant \omega t < \omega t_1$ 区间，u_2 虽然为正，但晶闸管无触发脉冲不导通，负载上的电压 u_d、电流 i_d 均为零。晶闸管承受着电源电压 u_2，其波形如图 2-4（b）所示。

当 $\omega t = \omega t_1 = \alpha$ 时，晶闸管被触发导通，电源电压 u_2 突然加在负载上，由于电感性负载电流不能突变，电路需经一段过渡过程，此时电路电压瞬时值方程如下：

$$u_2 = L_d \frac{di_d}{dt} + i_d R_d = u_L + u_R$$

在 $\omega t_1 < \omega t \leqslant \omega t_2$ 区间，晶闸管被触发导通后，由于 L_d 作用，电流 i_d 只能从零逐渐增大。到 ωt_2 时，i_d 已上升到最大值。这期间电源 u_2 不仅要向负载 R_d 供给有功功率，而且还要向电感线圈 L_d 供给磁场能量的无功功率。

在 $\omega t_2 < \omega t \leqslant \omega t_3$ 区间，由于 u_2 继续在减小，i_d 也逐渐减小，在电感线圈 L_d 作用下，i_d 的减小总是要滞后于 u_2 的减小。这期间 L_d 两端产生的电动势 e_L 反向，如图 2-4（b）所示。负载 R_d 所消耗的能量，除由电源电压 u_2 供给外，还有一部分是由电感线圈 L_d 所释放的能量供给。

在 $\omega t_3 < \omega t < \omega t_4$ 区间，u_2 过零开始变负，对晶闸管是反向电压，但是另一方面由于 i_d 的减小，在 L_d 两端所产生的电动势 e_L 极性对晶闸管是正向电压，故只要 e_L 略大于 u_2，晶闸管仍然承受着正向电压而继续导通，直到 i_d 减到零才被关断，如图 2-4（b）所示。在这区间 L_d 不断释放出磁场能量，除部分继续向负载 R_d 提供消耗能量外，其余就回馈给交流电网 u_2。

当 $\omega t = \omega t_4$ 时，$i_d = 0$。即 L_d 的磁场能量已释放完毕，晶闸管被关断。从 ωt_5 开始，重

复上述过程。

　　由图 2-4(b) 可见，由于电感的存在，使负载电压 u_d 波形总是出现部分负值，其结果导致负载直流电压平均值 U_d 减小。电感愈大，u_d 波形的负值部分占的比例愈大，使 U_d 减小愈多。当电感 L_d 很大时，即当 $\omega L_d \geqslant 10R_d$，负载为大电感负载时，负载上得到的电压 u_d 波形是正、负面积接近相等，直流电压平均值 U_d 几乎为零。由此可见，单相半波可控整流电路用于大电感负载时，不管如何调节控制角 α，U_d 值总是很小，平均电流 $I_d = U_d/R_d$ 也很小，如不采取措施，电路无法满足输出一定直流平均电压的要求，没有实用价值。

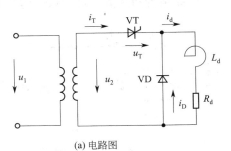

(a) 电路图

　　(3) 接续流二极管时的波形分析　为了使 u_2 过零变负时能及时地关断晶闸管，使 u_d 波形不出现负值，又能给电感线圈 L_d 提供续流的旁路，可以在整流输出端并联二极管 VD。如图 2-5(a) 所示，由于该二极管是为电感性负载在晶闸管关断时提供续流回路，故此二极管称为续流二极管，简称续流管。

　　在接有续流二极管的电感性负载单相半波可控整流电路中，当 u_2 过零变负时，此时续流二极管承受正向电压而导通，晶闸管因承受反向电压而关断，i_d 就通过续流二极管而继续流动。续流期间 u_d 波形为续流二极管的压降，可忽略不计。所以 u_d 波形与电阻性负载相同。但 i_d 的波形则大不相同，因为对大电感而言，流过负载的电流 i_d 不但连续而且基本上是波动很小的直线，电感愈大，i_d 波形愈接近于一条直线，如图 2-5(b) 所示。

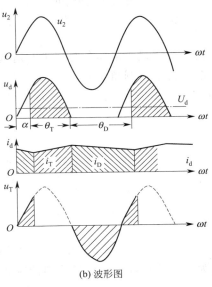

(b) 波形图

图 2-5　有续流二极管时的电路及波形图

　　各电量计算为：

　　① 输出直流电压的平均值 U_d 和输出直流电流平均值 I_d 分别为

$$U_d = 0.45U_2 \frac{1+\cos\alpha}{2} \tag{2-8}$$

$$I_d = \frac{U_d}{R_d} \tag{2-9}$$

　　I_d 电流由晶闸管和续流二极管分担，在晶闸管导通期间，从晶闸管流过；晶闸管关断，续流管导通，就从续流管流过。可见流过晶闸管电流 i_T 与续流管电流 i_D 的波形均为方波。

　　② 流过晶闸管的电流平均值和有效值分别为

$$I_{dT} = \frac{\pi - \alpha}{2\pi} I_d \tag{2-10}$$

$$I_T = \sqrt{\frac{1}{2\pi} \int_\alpha^\pi I_d^2 \, d(\omega t)} = \sqrt{\frac{\pi - \alpha}{2\pi}} I_d \tag{2-11}$$

　　③ 流过续流二极管的电流平均值和有效值分别为

$$I_{dD} = \frac{\pi + \alpha}{2\pi} I_d \tag{2-12}$$

$$I_D = \sqrt{\frac{1}{2\pi} \int_0^{\pi+\alpha} I_d^2 d(\omega t)} = \sqrt{\frac{\pi + \alpha}{2\pi}} I_d \tag{2-13}$$

④ 晶闸管和续流二极管承受的最大正、反向电压均为$\sqrt{2} U_2$，α 的移相范围为 $0 \sim \pi$。

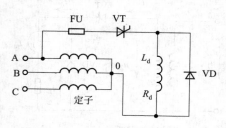

图 2-6　中、小型发电机采用的单相
半波自激稳压可控整流电路

由于电感性负载电流不能突变，当晶闸管触发导通后，阳极电流上升比较慢，所以要求触发脉冲的宽度要宽些（$>20°$），避免阳极电流未上升到擎住电流时，触发脉冲已经消失，导致晶闸管无法导通。

例 2-2　图 2-6 是中、小型发电机采用的单相半波自激稳压可控整流电路。当发电机满负载运行时，相电压为 220V，要求的励磁电压为 40V。已知：励磁线圈的电阻为 2Ω，电感量为 0.1H。试求：晶闸管及续流管的电流平均值和有效值各是多少？晶闸管与续流管可能承受的最大电压各是多少？请选择晶闸管的型号。

解：先求控制角 α。

因为

$$U_d = 0.45 U_2 \frac{1 + \cos\alpha}{2}$$

$$\cos\alpha = \frac{2}{0.45} \times \frac{40}{220} - 1 = -0.192$$

所以

$$\alpha \approx 101°$$

因为

$$\omega L_d = 2\pi f L_d = 2 \times 3.14 \times 50 \times 0.1 = 31.4\Omega \gg R_d = 2\Omega$$

所以为大电感负载，各电量分别计算如下：

$$I_d = U_d / R_d = 40/2 = 20A$$

$$I_{dT} = \frac{180° - \alpha}{360°} \times I_d = \frac{180° - 101°}{360°} \times 20 = 4.4A$$

$$I_T = \sqrt{\frac{180° - \alpha}{360°}} \times I_d = \sqrt{\frac{180° - 101°}{360°}} \times 20 = 9.4A$$

$$I_{dD} = \frac{180° + \alpha}{360°} \times I_d = \frac{180° + 101°}{360°} \times 20 = 15.6A$$

$$I_D = \sqrt{\frac{180° + \alpha}{360°}} I_d = \sqrt{\frac{180° + 101°}{360°}} \times 20 = 17.7A$$

$$U_{TM} = U_{DM} = \sqrt{2} U_2 = 1.414 \times 220 = 312V$$

选择晶闸管型号，计算如下：

$$U_{Tn} = (2 \sim 3) U_{TM} = (2 \sim 3) \times 312 = 624 \sim 936V \qquad 取\ 700V$$

$$I_{T(AV)} = (1.5 \sim 2) \frac{I_T}{1.57} = (1.5 \sim 2) \frac{9.4}{1.57} = 9 \sim 12A \qquad 取\ 10A$$

故选择晶闸管型号为 KP10-7。

3. 反电动势负载

（1）特点 蓄电池、直流电动机的电枢等均属反电动势负载。这类负载的特点是含有直流电动势 E，它的极性对电路中晶闸管而言是反向电压，故称反电动势负载，如图 2-7(a) 所示。

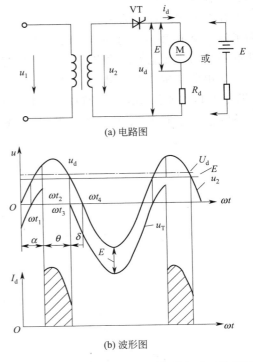

(a) 电路图

（2）波形分析 在 $0 \leqslant \omega t < \omega t_1$ 区间，u_2 虽然是正向，但由于反电动势 E 大于电源电压 u_2，晶闸管仍受反向电压而处在反向阻断状态。负载两端电压 u_d 等于本身反电动势 E，负载电流 i_d 为零。晶闸管两端电压 $u_T = u_2 - E$，波形如图 2-7(b) 所示。

在 $\omega t_1 \leqslant \omega t < \omega t_2$ 区间，u_2 正向电压已大于反电动势 E，晶闸管开始承受正向电压，但尚未被触发，故仍处在正向阻断状态，u_d 仍等于 E，i_d 为零。$u_T = u_2 - E$ 的正向电压波形如图 2-7(b) 所示。

当 $\omega t = \omega t_2 = \alpha$ 时，晶闸管被触发导通，电源电压 u_2 突加在负载两端，所以 u_d 波形为 u_2，流过负载的电流 $i_d = (u_2 - E)/R_a$。由于晶闸管本身导通，$u_T = 0$。

(b) 波形图

图 2-7 单相半波反电动势负载的电路及波形图

在 $\omega t_2 < \omega t < \omega t_3$ 区间，由于 $u_2 > E$，晶闸管导通，负载电流 i_d 仍按 $i_d = (u_2 - E)/R_a$ 规律变化。由于反电动势内阻 R_a 很小，所以 i_d 呈脉冲波形，且脉动大。U_d 仍为 u_2 波形，如图 2-7(b) 所示。

当 $\omega t = \omega t_3$ 时，由于 $u_2 = E$，i_d 降到零，晶闸管被关断。

$\omega t_3 < \omega t \leqslant \omega t_4$ 区间，虽然 u_2 还是正向，但其数值比反电动势 E 小，晶闸管承受反向电压被阻断。当 u_2 由零变负时，晶闸管承受着更大的反向电压，其最大反向电压为 $\sqrt{2}U_2 + E$。应该注意，这区间晶闸管已关断，输出电压 u_d 不是零而是等于 E，其负载电流 i_d 为零。以上波形如图 2-7(b) 所示。

综上所述，反电动势负载特点是：电流呈脉冲波形，脉动大。如果提供一定值的平均电流，其波形幅值必然很大，有效值也很大，这就要增加可控整流装置和直流电动机的容量。另外，换向电流大，容易产生火花，电动机振动厉害，尤其是断续电流会使电动机机械特性变软。为了克服这些缺点，常在负载回路中人为地串联一个平波电抗器 L_d，用来减小电流的脉动和延长晶闸管导通的时间。

反电动势负载串接平波电抗器后，整流电路的工作情况与大电感负载相似，整流输出电压 u_d 中所包含的交流分量全部降落在电抗器上，则负载两端的电压基本平整，输出电流波形也就平直，这就大大改善了整流装置和电动机的工作条件。电路中各电量的计算与电感性负载相同，仅是 $I_d = (U_d - E)/R_d$。

二、单相全控桥式可控整流电路

单相半波可控整流电路虽具有线路简单、投资小及调试方便等优点，但其电源只有半个周期工作，整流输出直流电压脉动大，设备利用率低，因此一般适用于对整流指标要求不高、小容量的可控整流装置。

存在上述缺点的原因是：交流电源 u_2 在一个周期中，最多只能半个周期向负载供电。为了使交流电源 u_2 的另一半周期也能向负载输出同方向的直流电压，既能减少输出电压 u_d 波形的脉动，又能提高输出直流电压平均值，则实用中大量采用单相桥式整流电路。

单相全控桥式整流电路如图 2-8（a）所示，晶闸管 VT_1、VT_2 共阴极接法，晶闸管 VT_3、VT_4 共阴极接法。电路中由 VT_1、VT_3 和 VT_2、VT_4 构成两个桥臂，对应的触发脉冲 u_{g1} 和 u_{g3}、u_{g2} 和 u_{g4} 必须成对出现，且两组门极触发脉冲信号相位相差 180°。

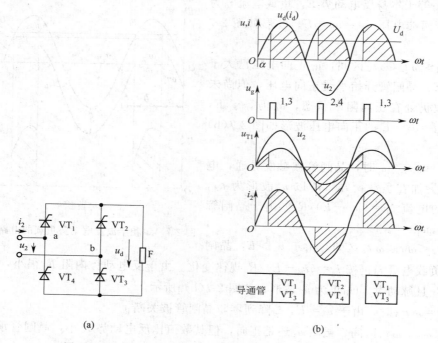

图 2-8　单相全控桥式可控整流电阻性负载的电路及波形图

1. 电阻性负载

（1）波形分析　当变压器二次侧电压 u_2 为正半周时，a 点电位高于 b 点电位，VT_1 和 VT_3 同时承受正向电压，如果此时门极无触发脉冲信号则两晶闸管均处于正向阻断状态。电源电压 u_2 将全部加在 VT_1 和 VT_3 上。

当 $\omega t = \alpha$ 时，给 VT_1 和 VT_3 同时施加触发脉冲，两只晶闸管立即被触发导通，电源电压 u_2 通过 VT_1 和 VT_3 加在负载电阻 R_d 上，负载电流 i_d 从 a 点经 VT_1、R_d、VT_3 回到电源 b 点。在 u_2 为正半周时，VT_2、VT_4 均承受反向电压而处于阻断状态。由于晶闸管导通时管压降为零，则在负载 R_d 上获得和电源电压 u_2 正半周波形相同的整流电压 u_d 和电流 i_d。当电源电压 u_2 降到零时，电压 u_d、电流 i_d 也降到零，VT_1 和 VT_3 关断。

当变压器二次侧电压 u_2 为负半周时，b 点电位高于 a 点电位，VT_2 和 VT_4 同时承受正向电压，如果此时门极无触发脉冲信号则两晶闸管均处于正向阻断状态。电源电压 u_2 将全部加在 VT_2 和 VT_4 上。

当 $\omega t = \pi + \alpha$ 时，同时给 VT_2 和 VT_4 加触发脉冲使其导通，电源电压 u_2 通过 VT_2 和

VT_4 加在负载电阻 R_d 上，负载电流 i_d 从 b 点经 VT_2、R_d、VT_4 回到电源 a 点。在 u_2 为负半周时，VT_1、VT_3 均承受反向电压而处于阻断状态。由于晶闸管导通时管压降为零，则在负载 R_d 上获得和电源电压 u_2 正半周波形相同的整流电压 u_d 和电流 i_d。当电源电压 u_2 为零时，电压 u_d、电流 i_d 也降到零，VT_2 和 VT_4 关断。

如此循环工作，输出整流电压 u_d、电流 i_d、晶闸管两端电压 u_{T1} 的波形如图 2-8(b) 所示。

（2）各电量的计算

① 输出直流电压的平均值 U_d 和输出直流电流平均值 I_d

$$U_d = \frac{1}{\pi} \int_\alpha^\pi \sqrt{2}U_2 \sin\omega t\, d(\omega t) = \frac{\sqrt{2}U_2}{\pi}(1+\cos\alpha) = 0.9U_2 \frac{1+\cos\alpha}{2} \tag{2-14}$$

$$I_d = \frac{U_d}{R_d} \tag{2-15}$$

输出直流电压平均值是单相半波时的 2 倍。当 $\alpha = 0°$ 时，相当于不可控桥式整流，此时输出电压最大，即 $U_d = 0.9U_2$。当 $\alpha = \pi$ 时，输出电压为零，故晶闸管的可控移相范围为 $0 \sim \pi$。

② 输出电压有效值 U 与输出电流有效值 I

$$U = \sqrt{\frac{1}{\pi} \int_0^\pi (\sqrt{2}U_2 \sin\omega t)^2\, d(\omega t)} = U_2 \sqrt{\frac{\sin 2\alpha}{2\pi} + \frac{\pi-\alpha}{\pi}} \tag{2-16}$$

$$I = \frac{U}{R_d} \tag{2-17}$$

输出电压有效值是单相半波的 $\sqrt{2}$ 倍。

③ 流过晶闸管的电流平均值和有效值

$$I_{dT} = \frac{1}{2} I_d = 0.45 \frac{U_2}{R_d} \left(\frac{1+\cos\alpha}{2} \right) \tag{2-18}$$

$$I_T = \sqrt{\frac{1}{2\pi} \int_\alpha^\pi \left[\frac{\sqrt{2}U_2 \sin\omega t}{R_d} \right]^2 d(\omega t)} = \frac{U_2}{\sqrt{2}R_d} \sqrt{\frac{1}{2\pi}\sin 2\alpha + \frac{\pi-\alpha}{\pi}} = \frac{1}{\sqrt{2}}I \tag{2-19}$$

由于晶闸管 VT_1、VT_3 和 VT_2、VT_4 在电路中是轮流导通的，因此流过每个晶闸管的平均电流只有负载上平均电流 I_d 的一半。

④ 晶闸管承受的最大正、反向电压 $U_{TM} = \sqrt{2}U_2$，α 的移相范围为 $0 \sim \pi$。

2. 电感性负载

如图 2-9(a) 所示，为了便于分析和计算，在电路图中通常等效为电阻与电感串联表示。

（1）无续流二极管时的波形分析　在单相半波可控整流带大电感负载电路中，如果不并接续流二极管，无论如何调节 α，而输出整流电压 u_d 波形的正负面积几乎相等，负载直流平均电压 U_d 均接近于零。单相全控桥式整流带大电感负载的电路情况就完全不相同，如图 2-9(b) 所示。

当 $0° < \alpha < 90°$ 时，虽然 u_d 波形也会出现负面积，但正面积总是大于负面积。

当 $\alpha = 0°$ 时，u_d 波形不出现负面积，为单相不可控桥式整流电路输出波形，其输出电压平均值 $U_d = 0.9U_2$。

在当 $\alpha = 90°$ 时，晶闸管被触发导通，一直要持续到下半周接近于 $90°$ 时才被关断，负载两端电压 u_d 波形正负面积接近相等，平均值 $U_d \approx 0$，其输出电流波形是一条幅度很小的脉动直流。

当 $\alpha > 90°$ 时，出现的 u_d 波形和单相半波大电感负载相似，无论如何调节 α，而输出整流

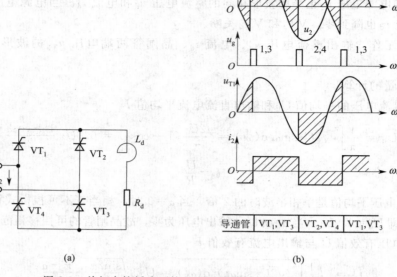

图 2-9 单相全控桥式可控整流电感性负载的电路及波形图

电压 u_d 波形的正负面积几乎相等，且波形断续，负载直流平均电压 U_d 均接近于零。

因此，不接续流二极管时，α 的有效范围是 $0 \sim \pi/2$。

各电量的计算如下。

① 输出直流平均电压 U_d 和输出直流电流平均值 I_d 分别为

$$U_d = \frac{1}{\pi} \int_{\alpha}^{\pi+\alpha} \sqrt{2} U_2 \sin\omega t \, \mathrm{d}(\omega t) = \frac{2\sqrt{2}}{\pi} U_2 \cos\alpha = 0.9 U_2 \cos\alpha \quad (2\text{-}20)$$

$$I_d = \frac{U_d}{R_d} \quad (2\text{-}21)$$

② 晶闸管的电流平均值和电流有效值分别为

$$I_{dT} = \frac{1}{2} I_d \quad (2\text{-}22)$$

$$I_T = \frac{1}{\sqrt{2}} I_d = 0.707 I_d \quad (2\text{-}23)$$

③ 晶闸管可能承受到的最大正、反向电压 $U_{TM} = \sqrt{2} U_2$，α 的移相范围为 $0 \sim \pi/2$。

(2) 接续流二极管时的波形分析　为了扩大移相范围，使 u_d 波形不出现负值且输出电流更加平稳，可在负载两端并接续流二极管，如图 2-10(a) 所示。接续流管后，α 的移相范围可扩大到 $0 \sim \pi$。α 在这区间内变化，只要电感量足够大，输出电流 i_d 就可保持连续且平稳。

在电源电压 u_2 过零变负时，续流管承受正向电压而导通，晶闸管承受反向电压被关断。这样 u_d 波形与电阻性负载相同，如图 2-10(b) 所示。负载电流 i_d 是由晶闸管 VT_1 和 VT_3、VT_2 和 VT_4、续流管 VD 相继轮流导通而形成的。u_T 波形与电阻负载时相同。

因此，接入 VD，扩大移相范围，不让 u_d 出现负面积；α 的移相范围：$0 \sim \pi$；u_d 波形与电阻性负载相同；I_d 由 VT_1 和 VT_3、VT_2 和 VT_4，以及 VD 轮流导通形成；u_T 波形与电阻

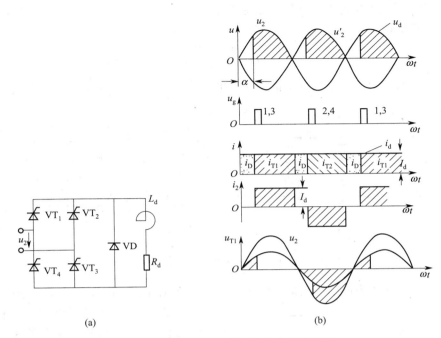

图 2-10　有续流二极管时的电路及波形图

负载时相同。

各电量的计算如下。

① 输出直流电压的平均值 U_d 和输出直流电流平均值 I_d

$$U_d = 0.9U_2 \frac{1+\cos\alpha}{2} \tag{2-24}$$

$$I_d = \frac{U_d}{R_d} \tag{2-25}$$

② 流过晶闸管的电流平均值和有效值分别为

$$I_{dT} = \frac{\pi-\alpha}{2\pi} I_d \tag{2-26}$$

$$I_T = \sqrt{\frac{\pi-\alpha}{2\pi}} I_d \tag{2-27}$$

③ 流过续流二极管的电流平均值和有效值分别为

$$I_{dD} = \frac{\alpha}{\pi} I_d \tag{2-28}$$

$$I_D = \sqrt{\frac{\alpha}{\pi}} I_d \tag{2-29}$$

④ 晶闸管和续流二极管承受的最大正、反向电压均为 $\sqrt{2}U_2$，α 的移相范围为 $0\sim\pi$。

3. 反电动势负载

充电电池、蓄电池、直流电动机等这类负载本身就具有一定的直流电动势，对可控整流电路来说是一种反电动势性质的负载。

整流电路接有反电动势负载时，只有当电源电压 u_2 大于反电动势 E 时，晶闸管才能被触发导通；u_2 小于反电动势 E 时，晶闸管承受反向电压关断，如图 2-11(a) 所示。

图 2-11(b) 所示，导通期间，输出整流电压 $u_d = u_2$。

负载电流平均值为

$$I_d = \frac{U_d - E}{R} \tag{2-30}$$

在晶闸管关断期间，负载端电压保持原有电动势，$u_d = E$，其负载电流 i_d 为零。

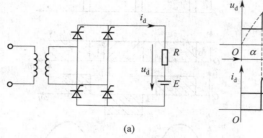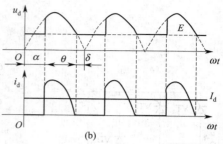

图 2-11　反电动势负载的电路及波形图

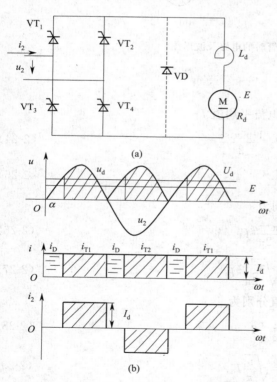

图 2-12　反电动势负载串平波电抗器、接续流二极管电路及波形图

综上所述，反电动势负载特点是：电流断续，呈脉冲波形，脉动大。如果提供一定值的平均电流，其波形幅值必然很大，有效值也很大，这就要增加可控整流装置和直流电动机的容量。另外，换向电流大，容易产生火花，电动机振动厉害，尤其是断续电流会使电动机机械特性变软。为了克服这些缺点，常在负载回路中人为地串联一个平波电抗器 L_d，用来减小电流的脉动和延长晶闸管导通的时间，如图 2-12(a) 所示。

为了使电流连续，一般在主电路中直流输出侧串联一个平波电抗器，用来减少电流的脉动和延长晶闸管导通的时间。电感量足够大时，电流波形近似一直线。由于电感存在 U_d 波形出现负面积，会使 U_d 下降，因此通常并接一个续流二极管，如图 2-12(a) 所示，分析方法和感性负载相同。

电路各电量的计算公式除了 $I_d = (U_d - E)/R_d$（R_d 平波电抗器内阻及电动机电枢电阻）之外，其他均与感性负载情况相同。

三、单相半控桥式可控整流电路

在单相全控桥式可控整流电路中，要求桥臂上的晶闸管成对同时被导通，因此选择晶闸管时要求具有相同的导通时间，且脉冲变压器二次侧要求有 3～4 个绕组，绕组之间要承受 u_2 电压，所以绝缘要求较高。从经济角度考虑，可用两只整流二极管代替两只晶闸管，组成单相半控桥式可控整流电路。如图 2-13(a) 所示，此电路的触发装置也相应简单一些，在中小容量的可控整流装置中得到广泛应用。

单相半控桥式可控整流电路可以看成是单相全控桥式可控整流电路的一种简化形式。单相半控桥式可控整流电路的结构是将晶闸管 VT_1、VT_2 接成共阴极接法，二极管 VD_1、VD_2 接成共阳极接法。晶闸管 VT_1、VT_2 可以采用同一组脉冲触发，只不过两个脉冲相位间隔必须保持 180°。

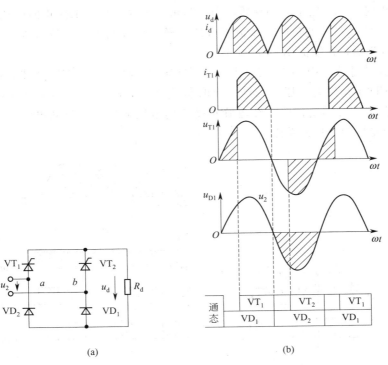

图 2-13 单相半控桥式可控整流电路电阻性负载的电路及波形图

1. 电阻性负载

如图 2-13(a) 所示，当电源电压 u_2 处在正半周，控制角 α 触发晶闸管时，由于这区间 VD_1 正偏导通，VT_1 承受正向电压，所以 VD_1 与 VT_1 就导通，电流 i_d 从电源的 a 端流经 VT_1、负载电阻 R_d 及 VD_1 回到 b 端，此时负载电压 u_d 等于 u_2，如图 2-13(b) 所示。

当电源电压 u_2 处在负半周，在相同的控制角 α 处触发晶闸管，VT_2 与 VD_2 就导通，电流 i_d 从电源的 b 端流经 VT_2、负载电阻 R_d 与 VD_2 回到 a 端，直到 u_2 过零时，$i_d=0$，VT_2 关断。这样负载电阻 R_d 上所得到的 u_d 波形与单相全控桥式可控整流电路一样，所以电路中各物理量的计算公式也相同。

各电量计算如下。

① 输出直流电压平均值和输出直流电流平均值分别为

$$U_d = 0.9U_2 \frac{1+\cos\alpha}{2} \tag{2-31}$$

$$I_d = \frac{U_d}{R_d} \tag{2-32}$$

② 流过晶闸管、整流管的电流平均值与有效值分别为：

$$I_{dT} = I_{dD} = I_d/2 \tag{2-33}$$

$$I_T = I_D = I/\sqrt{2} \tag{2-34}$$

③ 晶闸管可能承受的最大正、反向电压 $U_{TM} = \sqrt{2}U_2$，移相范围为 $0 \sim \pi$。

2. 电感性负载

只要电感 L_d 足够大，负载电流 i_d 即为一水平线，其电路及波形图如图 2-14 所示。电源电压 u_2 正半周时，VD_1 处于正偏导通，当控制角为 α 时，VT_1 承受正向电压而被触发导通，u_d 为 u_2 波形。当 u_2 过零变负时，续流管 VD 导通，负载电流经续流管 VD 而续流。VT_1 承受反向电压而关断，在续流期间 $u_d \approx 0$。

当 u_2 为负半周时，VD_2 处于正偏导通，在相同控制角 α 时，VT_2 承受正向电压被触发导通，续流管 VD 承受反向电压而关断。此时负载电流 i_d 经 VT_2、负载及 VD_2 返回电源 u_2。同理，在 u_2 负半周过零变正时，续流管承受正向电压而导通，负载电流 i_d 又经续流管 VD 续流。VT_2 承受反向电压而关断。

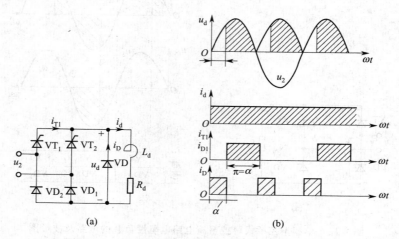

图 2-14 单相半控桥式大电感负载的电路及波形图

由于电路波形与单相全控桥式可控整流电路相似，所以计算公式也相同。
各电量计算如下。

① 输出直流电压的平均值 U_d 和输出直流电流平均值 I_d

$$U_d = 0.9U_2 \frac{1+\cos\alpha}{2} \tag{2-35}$$

$$I_d = \frac{U_d}{R_d} \tag{2-36}$$

② 流过晶闸管的电流平均值和有效值分别为

$$I_{dT} = \frac{\pi - \alpha}{2\pi} I_d \tag{2-37}$$

$$I_T = \sqrt{\frac{\pi - \alpha}{2\pi}} I_d \tag{2-38}$$

③ 流过续流二极管的电流平均值和有效值分别为

$$I_{dD} = \frac{\alpha}{\pi} I_d \tag{2-39}$$

$$I_D = \sqrt{\frac{\alpha}{\pi}} I_d \tag{2-40}$$

④ 晶闸管和续流二极管承受的最大正、反向电压均为$\sqrt{2}U_2$，α 的移相范围为 0～π。

若无续流二极管，则当 α 突然增大至 180°或触发脉冲丢失时，会发生一个晶闸管持续导通而两个二极管轮流导通的情况，这使 u_d 成为正弦半波，即半周期 u_d 为正弦，另外半周期 u_d 为零，其平均值保持恒定，称为失控现象（见图 2-15）。有续流二极管 VD 时，续流过程由 VD 完成，晶闸管关断，避免了某一个晶闸管持续导通从而导致失控的现象。同时，续流期间导电回路中只有一个管压降，有利于降低损耗。

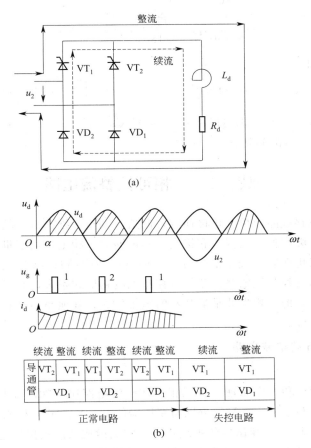

图 2-15　单相半控桥式大电感负载不接续流
二极管发生失控的电路及波形图

例 2-3　某电感性负载采用带续流管的单相半控桥式整流电路，如图 2-14（a）所示。已知：电感线圈的内阻 $R_d=5\Omega$，输入交流电压 $U_2=220V$，控制角 $\alpha=60°$。试求：晶闸管与续流管的电流平均值和有效值，选择晶闸管的型号。

解：首先求整流输出电压平均值 U_d：

$$U_d = 0.9U_2 \frac{1+\cos\alpha}{2} = 0.9 \times 220 \times \frac{1+\cos 60°}{2} = 149V$$

再求负载电流 I_d：

$$I_d = \frac{U_d}{R_d} = \frac{149}{5} = 30A$$

闸管与续流管的电流平均值和有效值分别为：

$$I_{dT}=\frac{180°-\alpha}{360°}I_d=\frac{180°-60°}{360°}\times30=10A$$

$$I_T=\sqrt{\frac{180°-\alpha}{360°}}I_d=\sqrt{\frac{180°-60°}{360°}}\times30=17.3A$$

$$I_{dD}=\frac{\alpha}{180°}I_d=\frac{60°}{180°}\times30=10A$$

$$I_D=\sqrt{\frac{\alpha}{180°}}I_d=\sqrt{\frac{60°}{180°}}\times30=17.3A$$

确定晶闸管定额

$$I_{T(AV)}=(1.5\sim2)\times\frac{I_T}{1.57}=(1.5\sim2)\times\frac{17.3}{1.57}=16.5\sim22A$$

$$U_{T_n}=(2\sim3)\times U_{TM}=(2\sim3)\times\sqrt{2}\times220=625\sim936V$$

故选择 KP20-7 型号的晶闸管。

课题二　三相可控整流电路

单相可控整流电路线路简单，价格便宜，制造、调整、维修都比较容易，但其输出的直流电压脉动大，脉动频率低。又因为它接在三相电网的一相上，当容量较大时易造成三相电网的不平衡。因而只用在容量较小的地方。一般负载功率超过 4kW，要求直流电压脉动较小时，可以采用三相可控整流电路。三相可控整流电路形式很多，有三相半波、三相全控桥式、三相半控桥式等，但三相半波是最基本的组成形式，其他类型可看成三相半波电路以不同方式串联或并联而成。

一、三相半波可控整流电路

1. 电阻性负载

（1）电路结构特点和工作原理　在三相半波整流电路中，如图 2-16 所示，T 为三相整流变压器，晶闸管 VT_1、VT_3、VT_5 分别与变压器的 U、V、W 三相相连，三只晶闸管的阴极接在一起经负载电阻 R_d 与变压器的中线相连，它们组成共阴极接法电路。

设二次绕组 U 相电压的初相位为零，相电压有效值为 U_2，则对称三相电压的瞬时值表达式为：

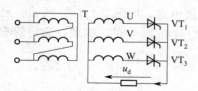

图 2-16　三相半波可控
整流电阻性负载电路

$$u_U=\sqrt{2}U_2\sin\omega t$$

$$u_V=\sqrt{2}U_2\sin\left(\omega t-\frac{2}{3}\pi\right)$$

$$u_W=\sqrt{2}U_2\sin\left(\omega t+\frac{2}{3}\pi\right)$$

电源电压是不断变化的，三相中哪一相所接的晶闸管可被触发导通呢？根据晶闸管的单向导电原理，取决于三只晶闸管各自所接的 u_U、u_V、u_W 中哪一相电压瞬时值最高，则该相所接晶闸管可被触发导通，而另外两管则承受反向电压而阻断。

（2）控制角 $\alpha=0°$ 时的波形分析　当 $\alpha=0°$ 时，晶闸管 VT_1、VT_3、VT_5 相当于三只整

流二极管，如图 2-17 所示，三相电压波形可知，在 $\omega t_1 \sim \omega t_3$ 期间，U 相电压最高，U 相所接的晶闸管 VT_1 可被触发导通，整流输出电压 $u_d = u_U$，V 相、W 相所接 VT_3、VT_5 承受反向电压而阻断。在 $\omega t_3 \sim \omega t_5$ 期间，V 相电压最高，V 相所接的晶闸管 VT_3 可被触发导通，整流输出电压 $u_d = u_V$，U 相、W 相所接 VT_1、VT_5 承受反向电压而阻断。在 $\omega t_5 \sim \omega t_7$ 期间，W 相电压最高，W 相所接的晶闸管 VT_5 可被触发导通，整流输出电压 $u_d = u_W$，U 相、V 相所接 VT_1、VT_3 承受反向电压而阻断。从图中可以看出，三相触发脉冲的相位间隔应与三相电源的相位差一致，均为 120°，每个管子导通 120°，管子依次轮流导通，三相电源轮流向负载供电，整流输出电压 u_d 的波形即是三相电源电压的正半周包络线。

三相电源电压正半周波形相邻交点 1、3、5 点即是晶闸管 VT_1、VT_3、VT_5 三个晶闸管轮流导通的始末点，即每到电压正向波形交点就自动换相，所以三相电源电压正半周波形的交点 1、3、5 点称为自然换相点。

自然换相点也是各相所接晶闸管可能被触发导通的最早时刻，在此之前由于晶闸管承受反向电压，不可能导通，因此把自然换相点作为计算控制角 α 的起点，即 $\alpha = 0$，对应于 $\omega t = 30°$。

在控制角 $\alpha = 0°$ 时，晶闸管 VT_1 的电压波形如图 2-17 所示，在 $\omega t_1 \sim \omega t_3$ 期间导通，管压降为零；$\omega t_3 \sim \omega t_5$ 期间，晶闸管 VT_3 导通，VT_1 承受反向线电压 u_{UV}；$\omega t_5 \sim \omega t_7$ 期间，晶闸管 VT_5 导通，VT_1 承受反向线电压 u_{UW}。

（3）控制角 $\alpha = 30°$ 时的波形分析 图 2-18 所示是 $\alpha = 30°$ 时的波形。设电路已经工作，W 相的 VT_5 已导通，输出电压 u_d 波形为 u_W 波形，当经过自然换流点 1 点时，虽然 VT_1 承受正向电压，但由于 VT_1 的触发脉冲 u_{g1} 还没来

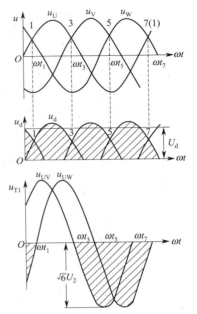

图 2-17 三相半波可控整流电路
电阻性负载 $\alpha = 0°$ 的波形图

到，因而不能导通，所以 VT_5 不能关断而继续导通；直到过 1 点 $\alpha = 30°$ 处时，此时 u_{g1} 触发 VT_1 导通，VT_5 承受反压关断，输出电压 u_d 波形由 u_W 波形换成 u_U 波形。以后即如此循环下去，一个周期中，每只管子导通 120°。

负载是电阻性，负载流过的电流波形 i_d 与电压波形相似，而流过 VT_1 的电流波形 i_{T1} 与仅是 i_d 波形的 1/3 区间相似，负载电流处于连续状态，一旦控制角 α 大于 30°，则负载电流断续。VT_1 承受的电压波形 u_{T1} 可以分为三个部分。

① VT_1 导通，忽略管压降，$u_{T1} = 0$。

② VT_3 导通，VT_1 承受的电压是 U 相和 V 相的电位差，$u_{T1} = u_{UV}$。

③ VT_5 导通，VT_1 承受的电压是 U 相和 W 相的电位差，$u_{T1} = u_{UW}$。

（4）控制角 $\alpha = 60°$ 时的波形分析 图 2-19 所示是 $\alpha = 60°$ 时的波形，设电路已经工作，W 相的 VT_5 已导通，输出电压 u_d 波形为 u_W 波形，当 W 相相电压过零变负时，VT_5 立即关断，此时虽然 VT_1 承受正向电压，但由于 VT_1 的触发脉冲 u_{g1} 还没来到，因而不能导通，三个晶闸管都不导通，输出电压 $u_d = 0$。当 u_{g1} 到来，VT_1 导通，输出电压 u_d 波形为 u_U 波形。以后即如此循环下去。VT_1 承受的电压波形 u_{T1} 除了上述介绍的三个部分，还有一部分是三个晶闸管都不导通，此时 $u_{T1} = u_U$。

（5）结论

① 当 $\alpha=0°$ 时输出电压最大，随着 α 的增大，整流输出电压减小，到 $\alpha=150°$ 时，晶闸管已经不再承受正向电压而无法导通，输出电压为零。所以此电路 α 的范围是 $0°\sim150°$。

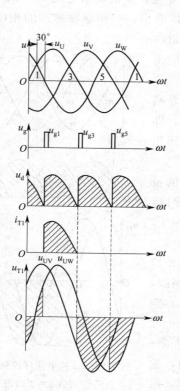

图 2-18　电阻性负载 $\alpha=30°$ 的波形图　　　　图 2-19　电阻性负载 $\alpha=60°$ 的波形图

② 当 $0°\leqslant\alpha\leqslant30°$ 时，电压电流波形连续，各相晶闸管导通角均为 $120°$。

③ 当 $30°<\alpha\leqslant150°$ 时，电压电流波形断续，各相晶闸管导通角为 $\theta=150°-\alpha$。

（6）电量计算

① 整流电路输出直流电压平均值 U_d 的计算分两段：

当 $0°\leqslant\alpha\leqslant30°$ 时，

$$U_d = \frac{3}{2\pi}\int_{\frac{\pi}{6}+\alpha}^{\frac{5\pi}{6}+\alpha} \sqrt{2}U_2\sin\omega t\,\mathrm{d}(\omega t) = 1.17U_2\cos\alpha \tag{2-41}$$

当 $30°<\alpha\leqslant150°$ 时，

$$U_d = \frac{3}{2\pi}\int_{\frac{\pi}{6}+\alpha}^{\pi} \sqrt{2}U_2\sin\omega t\,\mathrm{d}(\omega t) = 0.675U_2\left[1+\cos\left(\frac{\pi}{6}+\alpha\right)\right] \tag{2-42}$$

② 负载平均电流　　　　　　$I_d = \dfrac{U_d}{R_d}$

③ 晶闸管是轮流导通的，所以流过每个晶闸管的平均电流为　　$I_{dT} = \dfrac{1}{3}I_d$

④ 晶闸管承受的最大电压为 $U_{TM} = \sqrt{6}U_2$

2. 电感性负载

(1) 无续流二极管时的波形分析 如图 2-20(a) 所示,设电感 L_d 值足够大,满足 $L_d \gg R_d$,则电路的输出电流 i_d 连续且基本平直。以 $\alpha = 60°$ 为例,设电路已经进入稳定运行。在 $\omega t = 0°$,W 相所接晶闸管 VT$_5$ 已经导通,直到 ωt_1 时,其阳极电源电压 u_W 等于零并开始变负,这时流过电感性负载的电流开始减小,因在电感上产生的感应电动势阻碍电流的减小,从而使感应电动势对晶闸管来说仍然为正,VT$_5$ 继续导通。直到 ωt_2 时刻,即 $\alpha = 60°$ 时,u_{g1} 到来,VT$_1$ 导通,VT$_5$ 承受反向电压而关断,输出电压 u_d 波形由 u_W 换为 u_U 波形。如此下去,得到 u_d 波形,如图 2-20 (b) 所示。u_d 波形电压出现负值,但只要 u_d 波形电压的平均值不等于零,电路可正常工作,电流 i_d 连续平直。三只晶闸管依次轮流导通,各导通 $120°$。VT$_1$ 承受的电压波形 u_{T1} 仍由三段曲线构成,和电阻负载电流连续时相同。

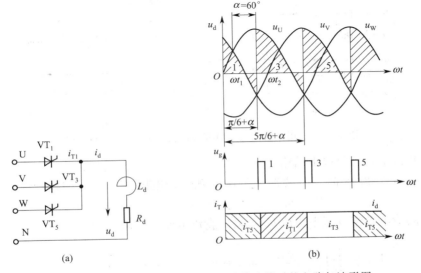

图 2-20 三相半波大电感负载不接续流管时的电路与波形图

当 $0° \leqslant \alpha \leqslant 30°$ 时,u_d 波形和电阻性负载一样,只是输出电流 i_d 是平直的直线。$\alpha > 30°$ 时,u_d 波形出现负值,导致输出电压平均值 U_d 下降。当 $\alpha = 90°$ 时,u_d 波形正、负面积相等,输出电压平均值 $U_d = 0$,所以此电路 α 的范围是 $0° \sim 90°$。

各电量的计算如下。

① 整流电路输出直流电压平均值 U_d 和输出直流电流平均值 I_d

$$U_d = \frac{3}{2\pi} \int_{\frac{\pi}{6}+\alpha}^{\frac{5\pi}{6}+\alpha} \sqrt{2}U_2 \sin\omega t \, \mathrm{d}(\omega t) = 1.17U_2\cos\alpha \tag{2-43}$$

$$I_d = \frac{U_d}{R_d}$$

② 流过晶闸管的电流平均值 I_{dT}、有效值 I_T 及承受的最大正、反向电压 U_{TM} 分别为

$$I_{dT} = \frac{1}{3}I_d \qquad I_T = \sqrt{\frac{1}{3}}I_d \qquad U_{TM} = \sqrt{6}U_2$$

(2) 接续流二极管时的波形分析 为了避免波形出现负值,可在大电感负载两端并接续流二极管 VD,以提高输出平均电压值,改善负载电流的平稳性,同时扩大移相范围。

　　接续流二极管 VD 后 $\alpha = 60°$ 时的电路和波形，如图 2-21 所示。因续流二极管能在电源电压过零变负时导通续流，使得 u_d 波形不出现负值，输出电压 u_d 波形同电阻性负载一样。三只晶闸管和续流管轮流导通。VT_1 承受的电压波形 u_{T1} 除与上述相同的部分之外，还有一段是三只晶闸管都不导通，仅续流管导通，此时 u_{T1} 波形承受本相相电压 u_U 波形。

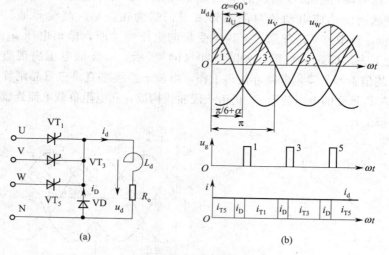

图 2-21　三相半波大电感负载接续流管时的电路与波形图

　　通过分析波形，可得以下结论。

　　① 在 $0° \leqslant \alpha \leqslant 30°$ 区间，u_d 波形无负压出现，和电阻性负载时一样，续流二极管不起作用。

　　整流电路输出直流电压平均值 U_d 和输出直流电流平均值 I_d 为

$$U_d = \frac{3}{2\pi} \int_{\frac{\pi}{6}+\alpha}^{\frac{5\pi}{6}+\alpha} \sqrt{2} U_2 \sin\omega t \, d(\omega t) = 1.17 U_2 \cos\alpha \quad I_d = \frac{U_d}{R_d} \tag{2-44}$$

　　流过晶闸管的电流平均值 I_{dT}、有效值 I_T 及承受的最大正、反向电压 U_{TM} 分别为

$$I_{dT} = \frac{1}{3} I_d \quad I_T = \sqrt{\frac{1}{3}} I_d \quad U_{TM} = \sqrt{6} U_2$$

　　② 当 $30° < \alpha \leqslant 150°$ 区间，电源电压出现过零变负时，续流管及时导通为负载电流提供续流回路，晶闸管承受反向电源相电压而关断。这样 u_d 波形断续但不出现负值。续流管 VD 起作用时，所以此电路 α 的范围是 $0° \sim 150°$，晶闸管与续流管的导通角分别为：

$$\theta_T = 150° - \alpha \quad \theta_D = 3 \times (\alpha - 30°)$$

　　整流电路输出直流电压平均值 U_d 和输出直流电流平均值 I_d 为

$$U_d = \frac{3}{2\pi} \int_{\frac{\pi}{6}+\alpha}^{\pi} \sqrt{2} U_2 \sin\omega t \, d(\omega t) = 0.675 U_2 \left[1 + \cos\left(\frac{\pi}{6} + \alpha\right) \right] \quad I_d = \frac{U_d}{R_d} \tag{2-45}$$

　　流过晶闸管的电流平均值 I_{dT}、有效值 I_T 及承受的最大正、反向电压 U_{TM} 分别为

$$I_{dT}=\frac{150°-\alpha}{360°}I_d \quad I_T=\sqrt{\frac{150°-\alpha}{360°}}I_d \quad U_{TM}=\sqrt{6}U_2 \qquad (2\text{-}46)$$

流过续流二极管的电流平均值 I_{dT}、有效值 I_T 及承受的最大正、反向电压 U_{TM} 分别为

$$I_{dD}=\frac{\alpha-30°}{120°}I_d \quad I_D=\sqrt{\frac{\alpha-30°}{120°}}I_d \quad U_{DM}=\sqrt{2}U_2 \qquad (2\text{-}47)$$

例 2-4　三相半波可控整流电路，大电感负载 $\alpha=60°$，已知电感内阻 $R_d=2\Omega$，电源电压 $U_2=220\text{V}$。试计算不接续流二极管与接续流二极管两种情况下的平均电压 U_d，平均电流 I_d，并选择晶闸管的型号。

解：（1）不接续流二极管时

$$U_d=1.17U_2\cos\alpha=1.17\times220\times\cos60°=128.7\text{V}$$

$$I_d=\frac{U_d}{R_d}=\frac{128.7}{2}=64.35\text{A}$$

$$I_T=\frac{I_d}{\sqrt{3}}=37.15\text{A}$$

$$I_{T(AV)}=(1.5\sim2)\frac{I_T}{1.57}=(35.5\sim47.3)\text{A}$$

$$U_{Tn}=(2\sim3)U_{TM}=(2\sim3)\sqrt{6}U_2=(1078\sim1616)\text{V}$$

所以选择晶闸管型号为 KP50-12。

（2）接续流二极管时

$$U_d=0.675U_2\left[1+\cos\left(\frac{\pi}{6}+\alpha\right)\right]=0.675\times220[1+\cos(30°+60°)]=148.5\text{V}$$

$$I_{d'}=\frac{U_d}{R_d}=\frac{148.5}{2}=74.25\text{A}$$

$$I_T=\sqrt{\frac{150°-60°}{360°}}\times74.25=37.15\text{A}$$

$$I_{T(AV)}=(1.5\sim2)\frac{I_T}{1.57}=(35.5\sim47.3)\text{A}$$

所以选择晶闸管型号为 KP50-12。

通过计算表明：接续流二极管后，平均电压 U_d 提高，晶闸管的导通角由 $120°$ 降到 $90°$，流过晶闸管的电流有效值相等，输出 I_d 提高。

二、三相全控桥式可控整流电路

三相半波可控整流电路与单相电路比较，输出电压脉动小，输出功率大、三相负载平衡。但不足之处是整流变压器二次绕组每周期只有 1/3 时间有电流通过，且是单方向的，变压器使用率低，且直流分量造成变压器直流磁化。为此三相半波可控整流电路应用受到限制，在较大容量或性能要求高时，广泛采用三相桥式可控整流电路。

1. 电路的特点

如图 2-22（a）所示，为三相全控桥式可控整流电路，它可以看成是由一组共阴极接法和另一组共阳极接法的三相半波可控整流电路串联而成。如图 2-22（b）所示，共

阴极组有 VT_1、VT_3、VT_5，对应自然换相点是 1、3、5（三相交流电相电压正半周交点）；共阳极组有 VT_2、VT_4、VT_6，对应自然换相点是 2、4、6（三相交流电相电压负半周交点）。1～6 这六个点也是三相交流电线电压正半周的交点，它们即为触发这六只晶闸管控制角 α 的起始点。电路工作时，共阴极组和共阳极组各有一个晶闸管导通，才能构成电流的通路。

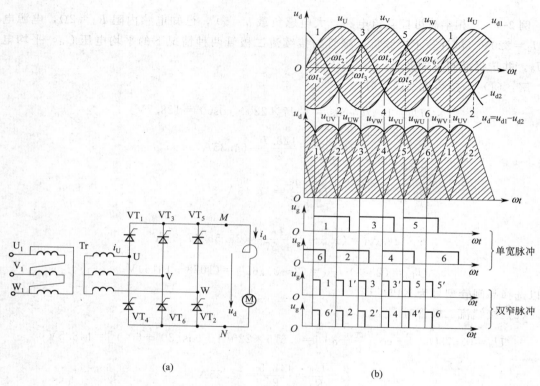

(a)　　　　　　　　　　　　　　　(b)

图 2-22　三相全控桥式可控整流电路与波形图

2. $\alpha = 0°$ 时电路的分析

为分析方便，按六个自然换相点把一周等分为六区间段。在 1 点到 2 点之间，U 相电压最高，V 相电压最低，在触发脉冲的作用下，共阴极组的 VT_1 被触发导通，共阳极组的 VT_6 被触发导通。这期间电流由 U 相经 VT_1 流向负载，再经 VT_6 流入 V 相，负载上得到的电压为 $u_d = u_U - u_V = u_{UV}$，为线电压。在 2 点到 3 点之间，U 相电压仍然最高，VT_1 继续导通，但 W 相电压最低，使得 VT_2 承受正向电压，当 2 点触发脉冲到来时，VT_2 被触发导通，使 VT_6 承受反向电压而关断。这期间电流由 U 相经 VT_1 流向负载，再经 VT_2 流入 W 相，负载上得到的电压为 $u_d = u_U - u_W = u_{UW}$，为线电压。依次类推，得到图 2-22(b) 所示的波形，输出的电压为三相电源的线电压。

依次类推，得到以下结论。

（1）三相全控桥式可控整流电路任一时刻必须有两只晶闸管同时导通，才能形成负载电流，一只在共阳极组，一只在共阴极组。

（2）整流输出电压 u_d 波形由电源线电压 u_{UV}、u_{UW}、u_{VW}、u_{VU}、u_{WU} 和 u_{WV} 的轮流输出组成。

（3）1～6 这六个点是 VT_1～VT_6 的自然换相点，也是电源线电压正半周的交点，它们即为触发这六只晶闸管控制角 α 的起始点。

（4）晶闸管导通顺序及输出电压关系如图 2-23 所示。

$$VT_6、VT_1 \rightarrow VT_1、VT_2 \rightarrow VT_2、VT_3 \rightarrow VT_3、VT_4 \rightarrow VT_4、VT_5 \rightarrow VT_5、VT_6 \rightarrow$$
$$\quad u_{UV} \qquad u_{UW} \qquad u_{VW} \qquad u_{VU} \qquad u_{WU} \qquad u_{WV}$$

图 2-23　三相全控桥式可控整流电路晶闸管的导通顺序与输出电压关系

（5）每只晶闸管导通 120°，每隔 60°由上一只晶闸管换到下一只晶闸管导通。

3. 对触发脉冲的要求

为了保证三相全控桥式可控整流电路任一时刻有两只晶闸管同时导通，对将要导通的晶闸管施加触发脉冲，有以下两种方法可供选择。

（1）单宽脉冲触发　如图 2-22(b) 所示，每一个触发脉冲宽度在 80°到 100°之间，$\alpha=0°$时在阴极组的自然换相点（1、3、5点）分别对晶闸管 VT_1、VT_3、VT_5 施加触发脉冲 u_{g1}、u_{g3}、u_{g5}；在共阳极组的自然换相点（2、4、6点）分别对晶闸管 VT_2、VT_4、VT_6 施加触发脉冲 u_{g2}、u_{g4}、u_{g6}。每隔 60°由上一只晶闸管换到下一只晶闸管导通时，在后一触发脉冲出现时刻，前一触发脉冲还没有消失，这样就可保证在任一换相时刻都能触发两只晶闸管导通。

（2）双窄脉冲触发　如图 2-22(b) 所示，每一个触发脉冲宽度约 20°。触发电路在给某一只晶闸管送上触发脉冲的同时，也给前一只晶闸管补发一个脉冲——辅脉冲（即辅助脉冲）。图 2-22(b) 中，$\alpha=0°$时在 1 点送上触发 VT_1 的 u_{g1} 脉冲，同时补发 VT_6 的 u_{g6} 脉冲。双窄脉冲的作用同单宽脉冲的作用是一样的。二者都是每隔 60°按 1 至 6 的顺序输送触发脉冲，还可以触发一只晶闸管的同时触发另一只晶闸管导通。双窄脉冲虽复杂，但脉冲变压器体积小、触发装置的输出功率小，所以广泛应用。

4. 大电感负载的分析

三相全控桥电感性负载电路，通常要求电感 L_d 足够大，使输出电压平均值 U_d 不为零，电流持续且平直。

（1）$\alpha=60°$时的波形　如图 2-24 所示，电源线电压 u_{WV} 与 u_{UV} 相交 1 为 VT_1 的自然换相点，也是 VT_1 的 α 起算点，过该点 60°触发电路同时向 VT_1 和 VT_6 送出双窄脉冲，于是 VT_1 和 VT_6 被触发导通，输出整流电压 u_d 为 u_{UV}。当过 1 点 60°时，u_{UV} 波形已降至零，但此时触发电路又立即同时触发 VT_2 和 VT_1 导通。VT_2 的导通使 VT_6 承受反压而关断，于是 $u_d = u_{UW}$，负载电流从 VT_6 换到 VT_2，其余依次类推。i_U 的波形为二次侧绕组 U 相流过的电流，可见 VT_1 和 VT_4 导通，电流 i_U 不为零，且大小相等，方向相反，避免了直流磁化。因为每个管子导通 120°，所以 u_{T1} 波形仍由三部分曲线组成：VT_1 本身导通时，$u_{T1}=0$；VT_3 导通时，VT_1 承受反向电压而关断，$u_{T1} = u_{UV}$；VT_5 导通时，VT_1 承受反向电压而关断，$u_{T1} = u_{UW}$。

（2）$\alpha>60°$时的波形　当 $\alpha>60°$时波形出现了负面积，使输出电压平均值降低，只要输出电压波形 u_d 的平均值不为零，晶闸管的导通角总是能维持 120°。当 $\alpha=90°$时，输出电压波形 u_d 的波形正负面积相等，平均值为零，如图 2-25 所示。可见，三相全控桥式整流电路大电感负载的 α 的范围是 0°～90°。

（3）结论

① 晶闸管的导通角是 120°，α 的范围是 0°～90°。

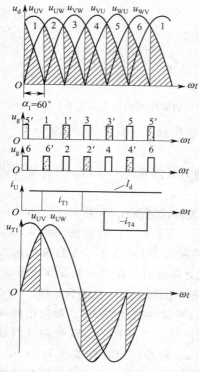

图 2-24　大电感负载 $\alpha = 60°$ 波形

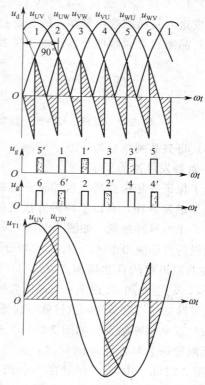

图 2-25　大电感负载 $\alpha = 90°$ 的波形图

② 输出电压平均值和电流值分别为

$$U_d = \frac{6}{2\pi} \int_{\frac{\pi}{3}+\alpha}^{\frac{2\pi}{3}+\alpha} \sqrt{6} U_2 \sin\omega t \, d(\omega t) = 2.34 U_2 \cos\alpha \quad I_d = \frac{U_d}{R_d} \tag{2-48}$$

③ 流过晶闸管的电流平均值 I_{dT}、有效值 I_T 及承受的最大正、反向电压 U_{TM} 分别为

$$I_{dT} = \frac{1}{3} I_d \quad I_T = \sqrt{\frac{1}{3}} I_d \quad U_{TM} = \sqrt{6} U_2$$

三、三相半控桥式可控整流电路

在要求不高的整流装置或不可逆的直流电动机调速系统中，可采用三相半控桥式整流电路。将三相全控桥式整流电路中共阳极接法的三个晶闸管 VT_2、VT_4、VT_6 用整流二极管 VD_2，VD_4，VD_6 代替，即成为简单、经济的三相半控桥式整流电路，如图 2-26 所示。共阳极组的三只整流二极管总是在三相线电压的交点即自然换相点 2、4、6 点换流，2、4、6 点成了整流二极管 VD_2、VD_4、VD_6 导通关断点。如图 2-26 所示，在 2 至 4 点间，u_W 相电压最低，使得和 W 相连接的 VD_2 处于导通状态；在 4 至 6 点间，u_U 相电压最低，使得和 U 相连接的 VD_4 处于导通状态；同理，在 6 至 2 点间，u_V 相电压最低，使得和 V 相连接的 VD_6 处于导通状态。若共阴极组的三只晶闸管不触发导通，则电路不工作。一旦三只晶闸管被触发导通，电路有整流电压输出，可见触发电路只需给共阴极组的三只晶闸管送上相隔 120° 的单窄脉冲即可。调整送到晶闸管的单窄脉冲的时刻就可调节输出电压的大小。

1. 电阻性负载

$\alpha=0°$时，触发脉冲在自然换相点出现，输出电压最大，其波形是与全控桥式整流电路相同的线电压的包络线。随着控制角的增大，输出电压减小，波形发生变化。

图 2-27 所示为 $\alpha=30°$ 的波形图。在 ωt_1 时刻，u_{g1} 触发 VT$_1$ 导通，此时 V 相电压最低，VD$_6$ 管导通，输出电压为线电压 u_{UV}。在 ωt_2 时刻，W 相电压低于 V 相电压，VD$_6$ 管承受反向电压而关断，换为 VD$_2$ 管导通，而 VT$_1$ 继续导通，输出电压为线电压 u_{UW}。到 ωt_3 时刻，因触发脉冲 u_{g3} 没有来，VT$_3$ 承受正向电压却不导通，输出电压仍为线电压 u_{UW}。直到 ωt_4 时刻，触发脉冲 u_{g3} 到来，VT$_3$ 导通，使 VT$_1$ 承受反向电压而关断，而 VD$_2$ 管还处在导通状态，输出电压为线电压 u_{VW}。依次类推，得到输出电压 u_d 波形。

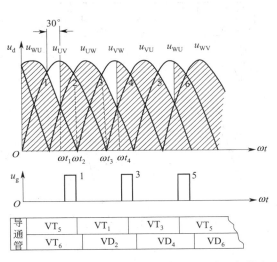

图 2-27　三相半控桥电阻性负载 $\alpha=30°$的波形图

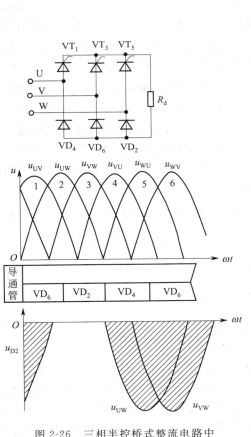

图 2-26　三相半控桥式整流电路中
三个二极管工作情况示意图

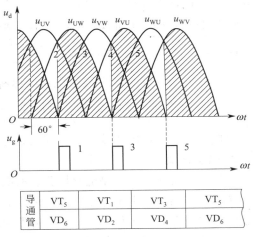

图 2-28　三相半控桥电阻性负载
$\alpha=60°$的波形图

$\alpha=60°$时，波形如图 2-28 所示，此时输出电压的波形只有三个波头，电路刚好维持电流连续，每个管子导通 $120°$，VT$_1$ 承受的电压 u_{T1} 波形同前面的分析一样。

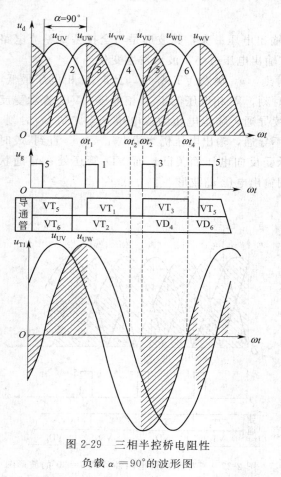

图 2-29　三相半控桥电阻性
负载 $\alpha = 90°$ 的波形图

$\alpha > 60°$ 时，输出电压 u_d 波形出现断续。

图 2-29 所示为 $\alpha = 90°$ 时的波形。在 ωt_1 时刻，u_{g1} 触发 VT$_1$ 导通，同时 VD$_2$ 管处于导通状态，输出电压 u_d 为线电压 u_{UW}。到 ωt_2 时刻，线电压 u_{UW} 为零，VT$_1$ 管关断，输出电压 $u_d = 0$。直到 u_{g3} 触发脉冲到来，VT$_3$ 管被触发导通，同时 VD$_4$ 管导通，输出电压 u_d 为线电压 u_{VU}。依次类推，每个周期输出电压为三个断续波头，电流断续。因为是电阻性负载，故负载电流的波形与电压波形相似。u_{T1} 的波形分析如下：VT$_1$ 本身导通，$u_{T1} = 0$；在 $\omega t_1 \sim \omega t_2$ 期间，三只晶闸管都不导通，而 VD$_4$ 处于导通状态，VT$_1$ 阳极和阴极同电位，$u_{T1} = 0$；同组 VT$_3$ 导通，VT$_1$ 承受反向电压 $u_{T1} = u_{UV}$；过了 ωt_4 时刻，三只晶闸管又不导通，而 VD$_6$ 管处于导通状态，VT$_1$ 还是承受电压 $u_{T1} = u_{UV}$；VT$_5$ 导通，VT$_1$ 承受的电压为 $u_{T1} = u_{UW}$。u_{T1} 波形还是三段电压，最大电压为 $\sqrt{6}U_2$。

输出电压随着控制角的增大而减小，当 $\alpha = 180°$ 时，输出电压减小到零。可见三相半控桥电阻性负载的移相范围为 $0° \sim 180°$。以控制角 $\alpha = 60°$ 为界，前后得到两种输出电压的波形，因此在计算电压平均值时，也分两段来计算。

（1）在 $0° \leqslant \alpha \leqslant 60°$ 阶段，电压波形连续，由两段不同的线电压波形组成。

$$U_d = \frac{3}{2\pi}\int_{\frac{\pi}{3}+\alpha}^{\frac{2\pi}{3}} \sqrt{6}U_2 \sin\omega t \, d(\omega t) + \frac{3}{2\pi}\int_{\frac{2\pi}{3}}^{\pi+\alpha} \sqrt{6}U_2 \sin\left(\omega t - \frac{\pi}{3}\right) d(\omega t) = 2.34U_2 \frac{1+\cos\alpha}{2}$$

（2）在 $60° < \alpha \leqslant 180°$ 阶段，电压波形断续。

$$U_d = \frac{3}{2\pi}\int_{\alpha}^{\pi} \sqrt{6}U_2 \sin\omega t \, d(\omega t) = 2.34U_2 \frac{1+\cos\alpha}{2}$$

由此看来，不论电压波形是否连续，电压平均值的计算公式都一样。

2. 电感性负载

三相半控桥式整流电路电感性负载的电路如图 2-30（a）所示。若不考虑续流二极管的存在，在电感作用下，由于电路内部二极管的续流作用，输出的电压波形和电阻性负载时的输出波形相同。在正常工作过程中，当触发脉冲突然丢失或突然把控制角调到 $\alpha = 180°$ 时，将出现导通着的晶闸管关不断而三个整流二极管轮流导通的现象，使整流电路处于失控状态。如图 2-30（b）所示。

为避免失控现象，防止管子过电流而损坏，必须在负载两端并联续流二极管。接续流二极管的三相半控桥大电感负载的输出电压波形及晶闸管承受的电压波形与电阻性负载时的波形相同，电流 i_d 波形平直。但要注意，只有在 $\alpha > 60°$ 时，续流二极管才有电流通过。

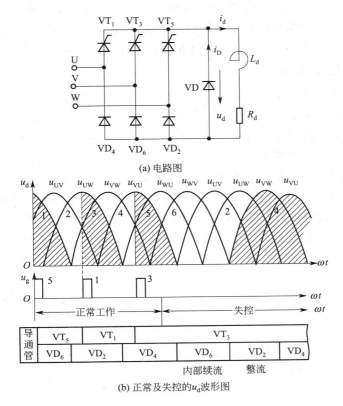

(a) 电路图

(b) 正常及失控的 u_d 波形图

图 2-30　三相半控桥电感性负载电路与波形图

输出平均电压值和平均电流值的计算公式为:

$$U_d = 2.34 U_2 \frac{1+\cos\alpha}{2} \qquad I_d = \frac{U_d}{R_d}$$

晶闸管与续流二极管的电流平均值、电流有效值计算如下:

(1) 在 $0° \leqslant \alpha \leqslant 60°$ 时,

$$I_{dT} = \frac{1}{3} I_d \qquad I_T = \sqrt{\frac{1}{3}} I_d$$

(2) 在 $60° < \alpha \leqslant 180°$ 时,

$$I_{dT} = \frac{180° - \alpha}{360°} I_d \qquad I_T = \sqrt{\frac{180° - \alpha}{360°}} I_d$$

$$I_{dD} = \frac{\alpha - 60°}{120°} I_d \qquad I_D = \sqrt{\frac{\alpha - 60°}{120°}} I_d$$

(3) 晶闸管与二极管承受的最大电压为

$$U_{TM} = U_{DM} = \sqrt{6} U_2$$

课题三　变压器漏电抗对整流电路的影响

　　带有电源变压器的变流电路,不可避免会存在变压器绕组的漏电抗。前面讨论计算整流电压时,都忽略了变压器的漏电抗,假设换流都是瞬时完成的,即换流时要关断的管子其电

流能从 I_d 突然降到零，而刚开通的管子电流能从零瞬时上升到 I_d，输出 i_d 的波形是一水平线。但实际上变压器存在漏电感，可将每相电感折算到变压器的次级，用一个集中电感 L_T 表示。由于电感要阻止电流变化，因此管子的换流不能瞬时完成，存在一个变化的过程。

一、换相期间的输出电压 u_d

以三相半波可控整流大电感负载为例，分析漏电抗对整流电路的影响，图中 L_T 为变压器每相折算到二次侧绕组的漏电感参数。其等效电路如图 2-31(a) 所示。在换相（即换流）时，由于漏电抗阻止电流变化，因此电流不能突变，因而存在一个变化的过程。图 2-31(b) 中是控制角为 α 时电压与电流的波形，在 ωt_1 时刻触发 VT_3 管，使电流从 U 相转换到 V 相，由于变压器漏电抗的存在，流过 VT_3 的 V 相电流只能从零开始上升到 I_d，而 VT_1 的 U 相电流 I_d 也不能瞬时从 I_d 下降到零，电流换相需要一段时间，直到 ωt_2 时刻才完成，如图 2-31 (b) 所示，$\omega t_1 \sim \omega t_2$ 这个时间叫换相时间。换相时间对应的电角度，叫换相重叠角，用 γ 表示。通常 γ 越大，则相应的换流时间越长，当 α 一定时，γ 的大小与变压器漏电抗及负载电流大小成正比。

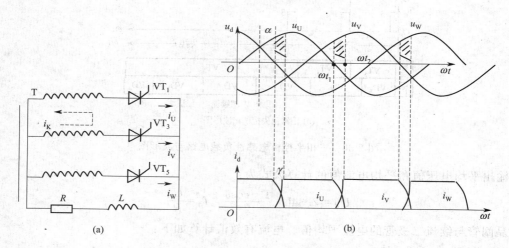

图 2-31　变压器漏电抗对可控整流电路的影响

在换相重叠角 γ 期间，U、V 两相晶闸管 VT_1、VT_3 同时导通，相当于两相间短路。两相电位之差 $u_V - u_U$ 称为短路电压，在两相漏电抗回路中产生一个短路电流 i_k，如图 2-31(a) 虚线所示（实际上晶闸管都是单向导电的，相当于在原有电流上叠加一个 i_k），如果忽略变压器内阻压降和晶闸管的管压降，换相期间，短路电压为两相漏电感应电动势所平衡，即

$$u_V - u_U = 2L_T \frac{di_k}{dt}$$

负载上电压为

$$u_d = u_V - L_T \frac{di_k}{dt} = u_V - \frac{1}{2}(u_V - u_U) = \frac{1}{2}(u_U + u_V) \tag{2-49}$$

上式说明，在换相过程中，u_d 波形既不是 u_U 也不是 u_V，而是换流两相电压的平均值。

二、换相压降 ΔU_γ

如图 2-31(b) 所示。与不考虑变压器漏电抗，即 $\gamma = 0$ 时相比，整流输出电压波形减少了一块阴影面积，使输出平均电压 U_d 减小了。这块减少的面积是由负载电流 I_d 换相引起的，因此这块面积的平均值也就是 I_d 引起的压降，称为换相压降，其值为图中三块阴影面积在一个周期内的平均值。对于在一个周期中有 m 次换相的其他整流电路来说，其值为 m 块阴影面积在一个周期内的平均值。由式(2-49) 知，在换相期间输出电压 $u_d = u_V - L_T(\mathrm{d}i_k/\mathrm{d}t) = u_V - L_T(\mathrm{d}i_V/\mathrm{d}t)$，而不计漏电抗影响的输出电压为 u_V，故由 L_T 引起的电压降低值为 $u_V - u_d = L_T(\mathrm{d}i_V/\mathrm{d}t)$，所以一块阴影面积为

$$\Delta U_\gamma = \int_{\frac{\pi}{6}+\alpha+\gamma}^{\frac{5\pi}{6}+\alpha+\gamma}(u_V - u_d)\mathrm{d}(\omega t) = \int_{\frac{\pi}{6}+\alpha+\gamma}^{\frac{5\pi}{6}+\alpha+\gamma}L_T\frac{\mathrm{d}i_V}{\mathrm{d}t}\mathrm{d}(\omega t) = \omega L_T\int_0^{I_d}\mathrm{d}i_V = X_T I_d$$

因此一个周期内的换相压降为

$$U_\gamma = \frac{m}{2\pi}X_T I_d \tag{2-50}$$

上式中 m 为一个周期内的换相次数，三相半波电路 $m=3$，三相桥式电路 $m=6$。X_T 是漏电感为 L_T 的变压器每相折算到次级绕组的漏电抗。变压器的漏电抗 X_T 可由公式

$$X_T = \frac{U_2 u_k\%}{I_2 100}$$

求得，式中 U_2 为相电压有效值，I_2 为相电流有效值，$u_k\%$ 为变压器短路比，取值在 $5\sim12$ 之间。换相压降可看成在整流电路直流侧增加一只阻值为 $mX_T/2\pi$ 的等效内电阻，负载电流 I_d 在它上面产生的压降，区别仅在于这项内电阻并不消耗有功功率。

三、考虑变压器漏抗等因素后的整流输出电压平均值 U_d

可控整流电路对直流负载来说，是一个有一定内阻的电压可调的直流电源。考虑换相压降 U_γ、整流变压器电阻 R_T（为变压器一次侧绕组折算到二次侧再与二次侧每相电阻之和）及晶闸管压降 ΔU，整流输出电压平均值 U_d 为：

三相半波大电感负载：

$$U_d = 1.17U_2\cos\alpha - \frac{3}{2\pi}X_T I_d - R_T I_d - \Delta U$$

三相全控桥大电感负载：

$$U_d = 2.34U_2\cos\alpha - \frac{6}{2\pi}X_T I_d - 2R_T I_d - 2\Delta U$$

三相全控桥电路的整流变压器电阻 R_T 及晶闸管压降 ΔU 均是三相半波电路的 2 倍。

变压器的漏抗与交流进线串联电抗的作用一样，能够限制短路电流且使电流变化比较缓和，对晶闸管上的电流变化率和电压变化率也有限制作用。但是由于漏抗的存在，在换相期间，相当于两相间短路，使电源相电压波形出现缺口，用示波器观察相电压波形时，在换流点上会出现毛刺，严重时将造成电网电压波形畸变，影响本身与其他用电设备的正常运行。

课题四　晶闸管的触发电路

一、触发电路概况

晶闸管由阻断转为导通，除在阳极和阴极间加正向电压外，还须在门极和阴极间加合适的正向触发电压。提供正向触发电压的电路称为触发电路。触发电路性能的好坏直接影响晶闸管电路工作的可靠性，也影响了系统的控制精度，正确设计与选择触发电路是保证晶闸管

装置正常运行的关键。

触发电路的种类很多，各种触发电路的工作方式不同，对触发电路通常有如下要求。

（1）触发信号常采用脉冲形式。晶闸管在触发导通后门极就失去了控制作用，虽然触发信号可以是交流、直流或脉冲形式，但为减少门极的损耗，所以触发信号常采用脉冲形式。

（2）触发脉冲要有足够的功率。为了使晶闸管可靠的被触发导通，触发脉冲的电压和电流数值必须大于门极触发电压和门极触发电流，即具有足够的功率。但不允许超过规定的门极最大允许峰值，以防止晶闸管的门极损坏。

（3）触发脉冲要具有一定的宽度，前沿要陡。同系列晶闸管的触发电压不尽相同，如果触发脉冲不陡，就会造成晶闸管不能被同时触发导通，使整流输出电压不对称。触发脉冲应具有一定的宽度，以保证触发脉冲消失前阳极电流已经大于擎住电流，使器件可靠导通。表2-2中列出了不同可控整流电路、不同性质的负载常采用的触发脉冲宽度。

表 2-2　不同可控整流电路、不同性质的负载常采用的触发脉冲宽度

可控整流电路形式	单相可控整流电路		三相半波可控整流电路		三相全控桥可控整流电路	
	电阻性负载	电感性负载	电阻性负载	电感性负载	单宽脉冲	双窄脉冲
触发脉冲宽度	>1.8° (10μs)	10°～20° (50～100μs)	>1.8° (10μs)	10°～20° (50～100μs)	70°～80° (350～400μs)	10°～20° (50～100μs)

（4）触发脉冲与晶闸管阳极电压必须同步。两者频率应该相同，而且要有固定的相位关系，使每一周期都能在相同的相位上触发。

（5）满足主电路移相范围的要求。不同的主电路形式、不同的负载性质对应不同的移相范围，因此要求触发电路必须满足各种不同场合的应用要求，必须提供足够宽的移相范围。

此外，还要求触发电路具有动态响应快、抗干扰能力强、温度稳定性好等性能。常见的触发电压波形如图2-32所示。

触发电路通常以组成的主要元件名称分类，可分为：单结晶体管触发电路、晶体管触发电路、集成电路触发器、计算机控制数字触发电路等。

(a) 正弦波　　(b) 尖脉冲　　(c) 方波或方脉冲　　(d) 强触发脉冲　　(e) 脉冲列

图 2-32　常见的晶闸管触发电压波形

二、单结晶体管触发电路

单结晶体管触发电路具有结构简单、调试方便、脉冲前沿陡、抗干扰能力强等优点，广泛应用于单相可控整流装置中的中、小容量晶闸管的触发控制。

1. 单结晶体管的结构

单结晶体管的结构、等效电路及电路符号如图2-33所示。单结晶体管又称双基极管，它有三个电极，但结构上只有一个PN结。它是在一块高电阻率的N型硅片上用镀金陶瓷片制作两个接触电阻很小的极，称为第一基极（b_1）和第二基极（b_2），在硅片上靠近b_2处掺入 P 型杂质，形成 PN 结，由 P 区引出发射极 e。

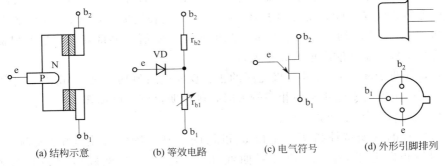

(a) 结构示意　　　　(b) 等效电路　　　(c) 电气符号　　(d) 外形引脚排列

图 2-33　单结晶体管

当 b_2、b_1 极间加正向电压后，e、b_1 极间呈高阻特性。但当 e 极的电位达到 b_2、b_1 极间电压的某一比值（例如 50％）时，e、b_1 极间立刻变成低电阻，这是单结晶体管最基本的特点。

触发电路常用的单结晶体管型号有 BT33 和 BT35 两种。B 表示半导体，T 表示特种管，第一个数字 3 表示有三个电极，第二个数字 3（或 5）表示耗散功率 300mW（或 500mW）。

单结晶体管的主要参数见表 2-3。

表 2-3　单结晶体管的主要参数

参数名称		分压比 η	基极电阻 $r_{bb}/k\Omega$	峰点电流 $I_P/\mu A$	谷点电流 I_V/mA	谷点电压 U_V/V	饱和电压 U_{es}/V	最大反压 U_{b2e}/V	发射极反漏电流 $I_{eo}/\mu A$	耗散功率 P_{max}/mW
测试条件		$U_{bb}=20V$	$U_{bb}=3V$ $I_e=0$	$U_{bb}=0$	$U_{bb}=0$	$U_{bb}=0$	$U_{bb}=0$ I_e 为最大值	U_{b2e} 为最大值		
BT33	A	0.45~0.9	2~4.5	<4	>1.5	<3.5	<4	=30	<2	300
	B							=60		
	C	0.3~0.9	>4.5~12			<4	<4.5	=30		
	D							=60		
BT35	A	0.45~0.9	2~4.5			<3.5	<4	=30		500
	B					>3.5		=60		
	C	0.3~0.9	>4.5~12			<4	<4.5	=30		
	D							=60		

2. 单结晶体管的测量

利用万用表可以很方便地判断单结晶体管的好坏和极性。单结晶体管 e 极对 b_1 极或 e 极对 b_2 极之间：r_{b1}、r_{b2} 均很小，一般 $r_{b1} > r_{b2}$。单结晶体管 b_1 极和 b_2 极之间：$r_{b1b2} = r_{b2b1} = 3\sim10k\Omega$。

（1）用万用表判别单结晶体管的引脚极性　判断发射极 e 的方法：把万用表置于 $R\times100$ 档或 $R\times1k$ 档，黑表笔接假设的发射极，红表笔接另外两极，当出现两次低电阻时，黑表笔接的就是单结晶体管的发射极。

判断 b_1 和 b_2 的方法：把万用表置于 $R\times100$ 档或 $R\times1k$ 档，用黑表笔接发射极，红表笔分别接另外两极，两次测量中，电阻大的一次，红表笔接的就是 b_1 极。

（2）用万用表判别单结晶体管性能的好坏　单结晶体管性能的好坏可以通过测量其各极间的电阻值是否正常来判断。用万用表 R×1k 档，将黑表笔接发射极 e，红表笔依次接两个基极（b_1 和 b_2），正常时均应有几千欧至十几千欧的电阻值。再将红表笔接发射极 e，黑表笔依次接两个基极，正常时阻值为无穷大。

单结晶体管两个基极 b_1 极和 b_2 极之间的正、反向电阻值均在 $3\sim10\mathrm{k}\Omega$ 范围内，若测得某两极之间的电阻值与上述正常值相差较大时，则说明该管子已损坏。

3. 单结晶体管的伏安特性

单结晶体管的伏安特性指两个基极 b_2 和 b_1 间加某一固定直流电压 U_{bb} 时，发射极电流 I_e 与发射极正向电压 U_e 之间的关系曲线 $I_e=f(U_e)$。其试验电路及伏安特性如图2-34 所示。

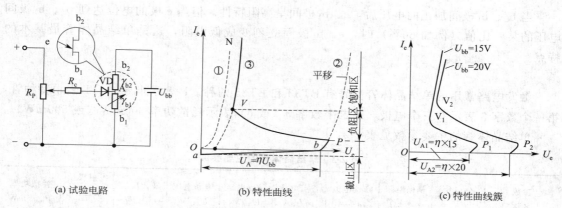

(a) 试验电路　　　　　(b) 特性曲线　　　　　(c) 特性曲线簇

图 2-34　单结晶体管的试验电路及伏安特性

当 U_{bb} 为零时，得到图 2-34（b）图中的①曲线，它与二极管的伏安特性曲线相似。

（1）截止区 aP 段。当 U_{bb} 不为零时，U_{bb} 通过单结晶体管等效电路中的 r_{b2} 和 r_{b1} 分压，得 A 点电位 U_A，其值为：

$$U_A=\frac{r_{b1}}{r_{b1}+r_{b2}}U_{bb}=\eta U_{bb}$$

式中，η 为分压比，一般为 0.3～0.9。从图 2-34（b）可见，当 U_e 从零逐渐增加，但 $U_e<U_A$ 时，等效电路中二极管反偏，仅有很小的反向漏电流；当 $U_e=U_A$ 时，等效二极管零偏，$I_e=0$，电路此时工作在特性曲线与横坐标交点 b 处；进一步增加 U_e，直到 U_e 增加到高出 ηU_{bb} 一个 PN 结正向压降 U_D 时，即 $U_e=U_P=\eta U_{bb}+U_D$ 时，单结晶体管才导通。这个电压称为峰点电压，用 U_P 表示，此时的电流称为峰点电流，用 I_P 表示。

（2）负阻区 PV 段。等效二极管导通后大量的载流子注入 $e\text{-}b_1$ 区，使 r_{b1} 迅速减小，分压比 η 下降，U_A 下降，因而 U_e 也下降。U_A 的下降使 PN 结承受更大的正偏，引起更多的载流子注入 $e\text{-}b_1$ 区，使 r_{b1} 进一步减小，I_e 更进一步增大，形成正反馈。当 I_e 增大到某一数值时，电压 U_e 下降到最低点。这个电压称为谷点电压，用 U_V 表示，此时的电流称为谷点电流，用 I_V 表示。这个过程表明单结晶体管已进入伏安特性的负阻区域。

（3）饱和区 VN 段。过谷点以后，当 I_e 增大到一定程度时，载流子的浓度注入遇到阻力，欲使 I_e 继续增大，必须增大电压 U_e，这一现象称为饱和。

谷点电压是维持单结晶体管导通的最小电压，一旦 $U_e < U_V$ 时，单结晶体管将由导通转化为截止。改变电压 U_{bb}，等效电路中的 U_A 和特性曲线中的 U_P 也随之改变，从而可获得一簇单结晶体管特性曲线，如图 2-34（c）所示。

4. 单结晶体管自激振荡电路

利用单结晶体管的负阻特性和 RC 电路的充放电特性，可以组成自激振荡电路，产生脉冲，用以触发晶闸管，如图 2-35（a）所示。

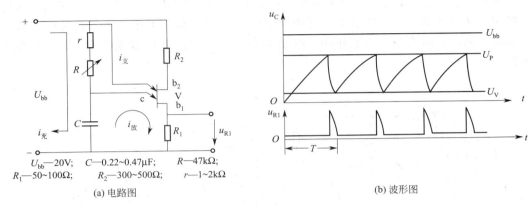

U_{bb}—20V; C—0.22~0.47μF; R—47kΩ
R_1—50~100Ω; R_2—300~500Ω; r—1~2kΩ

(a) 电路图   (b) 波形图

图 2-35   单结晶体管自激振荡电路

设电源未接通时，电容 C 上的电压为零；电源 U_{bb} 接通后，电源电压通过 R_2 和 R_1 加在单结晶体管的 b_2 和 b_1 上，同时又通过 r 和 R 对电容 C 充电。当电容电压 u_C 达到单结晶体管的峰点电压 U_P 时，e-b_1 导通，单结晶体管进入负阻状态，电容 C 通过 r_{b1} 和 R_1 放电。因为 R_1 放电很快，放电电流在 R_1 上输出一个脉冲去触发晶闸管。

当电容放电，u_C 下降到 U_V 时，单结晶体管关断，输出电压 u_{R1} 下降到零，完成一次振荡。放电一结束，电容器重新开始充电，重复上述过程，电容 C 由于 $t_放 < t_充$ 而得到锯齿波电压，R_1 上得到一个周期性的尖脉冲输出电压。如图 2-35（b）所示。

注意，$(r+R)$ 的值太大或太小，电路都不能振荡。

增加一个固定电阻 r 是为防止 R 调节到零时，$t_充$ 过大而造成晶闸管一直导通无法关断而停振。$(r+R)$ 的值太大时，电容 C 就无法充电到峰值电压 U_P，单结晶体管不能工作在负阻区。

欲使电路振荡，固定电阻 r 值和可变电阻 R 值的选择应满足下式：

$$r > \frac{U_{bb} - U_V}{I_V}$$

$$R < \frac{U_{bb} - U_p}{I_p} - r$$

若忽略电容的放电时间，上述弛张振荡电路振荡频率近似为：

$$f = \frac{1}{T} = \frac{1}{(R+r)C\ln\left(\dfrac{1}{1-\eta}\right)}$$

5. 具有同步环节的单结晶体管触发电路

如采用上述单结晶体管自激振荡电路输出的脉冲电压去触发可控整流电路中的晶闸管，

负载上得到的电压 u_d 的波形是不规则的，很难实现正常控制。这是因为触发电路缺少与主电路晶闸管保持电压同步的环节。

如图 2-36(a) 所示，它是加了同步环节的单结晶体管触发电路，主电路是单相半波可控整流电路。图中触发变压器 TS 与主电路变压器 TR 接在同一电源上，同步变化。TS 二次侧电压 u_S，经二极管的半波整流，稳压管的稳压削波后得到梯形波，作为触发电路电源，也作为同步信号。这样，当主电路的电压过零时，触发电路的同步电压梯形波也过零，单结晶体管的 U_{bb} 也为零，使电容 C 放电到零，保证了下一个周期电容 C 从零开始充电，起到了同步作用。从图 2-36(b) 可以看出，每周期中电容 C 的充放电不止一次，晶闸管由第一个脉冲触发导通，后面的脉冲不起作用。改变 R 的大小，可改变电容充电速度，达到调节 α 角的目的。

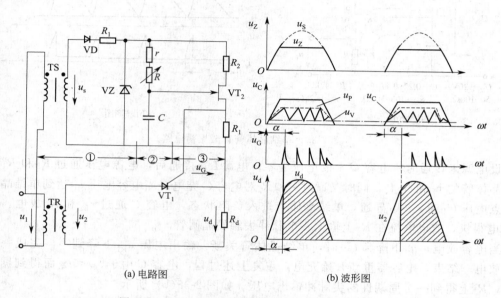

(a) 电路图   (b) 波形图

图 2-36 同步电压为梯形波的单结晶体管触发电路

稳压管的作用如下。

（1）增大移相范围。如不加削波，如图 2-37(a) 所示，加在单结晶体管 $b_2 b_1$ 间的电压 u_{bb} 是正弦半波，而经电容充电使单结晶体管导通的峰值电压 u_P 也是正弦半波，达不到 u_P 的电压不能触发晶闸管，可见，保证晶闸管可靠触发的移相范围很小。

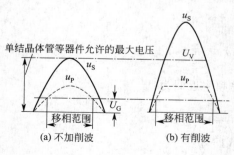

图 2-37 稳压管的作用

（2）输出脉冲幅值相同。采用稳压管削波，使 u_{bb} 在半波范围内平坦很多，u_P 的波形是接近于方波的梯形波，所以输出触发脉冲幅值相同。

（3）提高抗干扰能力。要增大移相范围，只有提高正弦半波 u_S 的幅值，如图 2-37(b) 所示，这样会使单结晶体管在 $\alpha = 90°$ 附近承受很大的电压。如采用稳压管削波，使器件所承受的电压限制在安全值范围内，提高了晶闸管的工作稳定性。

单结晶体管触发电路简单，输出功率较小，脉冲较窄，虽加有温度补偿，但对于大范围的温度变化时仍会出现误差，控制线性度不好。参数差异较大，对于多相电路的触发时不易一致。因此单结晶体管触发电路只用于控制精度要求不高的单相晶闸管系统。

三、同步电压为锯齿波的晶闸管触发电路

用单结晶体管组成的触发电路通常只适用于中、小容量及要求不高的场合。对触发脉冲的波形、移相范围等有特定要求或容量较大的晶闸管装置，大多采用由晶体管组成的触发电路，目前都用以集成电路形式出现的集成触发器。为了讲清楚触发移相的原理，现以常用同步电压为锯齿波的分立式元件电路来分析。

如图 2-38 所示为锯齿波同步触发电路，该电路由五个基本环节组成：同步环节，锯齿波形成及脉冲移相环节，脉冲形成、放大和输出环节，双脉冲形成环节，强触发环节。

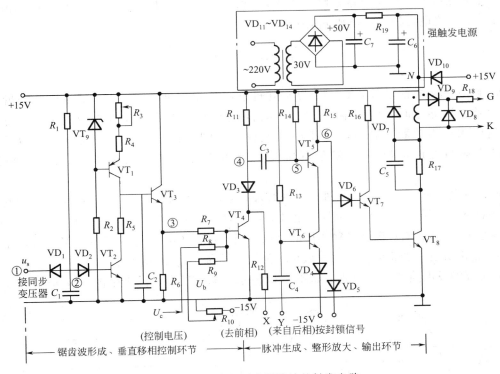

图 2-38　同步电压为锯齿波的触发电路

1. 同步环节

同步就是要求锯齿波的频率与主回路电源的频率相同。在该电路中，同步环节由同步变压器 Tr，晶体管 VT_2，二极管 VD_1、VD_2、R_1 及 C_1 等组成。锯齿波是由起开关作用的 VT_2 控制的，VT_2 截止期间产生锯齿波，VT_2 截止持续的时间就是锯齿波的宽度，VT_2 开关的频率就是锯齿波的频率。要使触发脉冲与主电路电源同步，必须使 VT_2 开关的频率与主电路电源频率相同。在该电路中将同步变压器和整流变压器接在同一电源上，用同步变压器二次电压来控制 VT_2 的通断，这就保证了触发脉冲与主回路电源的同步。

同步环节工作原理如下：同步变压器二次电压间接加在 VT_2 的基极上，当二次电压为负半周的下降段时，VD_1 导通，电容 C_1 被迅速充电，②点为负电位，VT_2 截止。在二次电压负半周的上升段，电容 C_1 已充至负半周的最大值，VD_1 截止，+15V 通过 R_1 给电容 C_1 反

向充电，当②点电位上升至 1.4V 时，VT_2 导通，②点电位被钳位在 1.4 V。以上分析可见，VT_2 截止的时间长短，与 C_1 反充电的时间常数 R_1C_1 有关，直到同步变压器二次电压的下一个负半周到来时，VD_1 重新导通，C_1 迅速放电后又被充电，VT_2 又变为截止，如此周而复始。在一个正弦波周期内，VT_2 具有截止与导通两个状态，对应的锯齿波恰好是一个周期，与主电路电源频率完全一致，达到同步的目的。

2. 锯齿波形成及脉冲移相环节

该环节由晶体管 VT_1 组成恒流源向电容 C_2 充电，晶体管 VT_2 作为同步开关控制恒流源对 C_2 的充、放电过程，晶体管 VT_3 为射极跟随器，起阻抗变换和前后级隔离作用，减小后级对锯齿波线性的影响。

工作原理如下：当 VT_2 截止时，由 VT_1 管、VZ 稳压二极管、R_3、R_4 组成的恒流源以恒流 I_{C1} 对 C_2 充电，C_2 两端电压 u_{C2} 为

$$u_{C2} = \frac{1}{C_2}\int I_{C1}\,dt = \frac{I_{C1}}{C_2}t$$

u_{C2} 随时间 t 线性增长。I_{C1}/C_2 为充电斜率，调节 R_3 可改变 I_{C1}，从而调节锯齿波的斜率。当 VT_2 导通时，因 R_5 阻值很小，电容 C_2 经 R_5、VT_2 管迅速放电到零。所以，只要 VT_2 管周期性关断、导通，电容 C_2 两端就能得到线性很好的锯齿波电压。为了减小锯齿波电压与控制电压 U_c、偏移电压 U_b 之间的影响，锯齿波电压 u_{C2} 经射极跟随器输出。

锯齿波电压 u_{e3}，与 U_c、U_b 进行并联叠加，它们分别通过 R_7、R_8、R_9 与 VT_4 的基极相接。根据叠加原理，分析 VT_3 管基极电位时，可看成锯齿波电压 u_{e3}、控制电压 U_c（正值）和偏移电压 U_b（负值）三者单独作用的叠加。当三者合成电压 u_{b4} 为负时，VT_4 管截止；合成电压 u_{b4} 由负过零变正时，VT_4 由截止转为饱和导通，u_{b4} 被钳位到 0.7V。

锯齿波触发电路各点电压波形如图 2-39 所示。电路工作时，往往将负偏移电压 U_b 调整

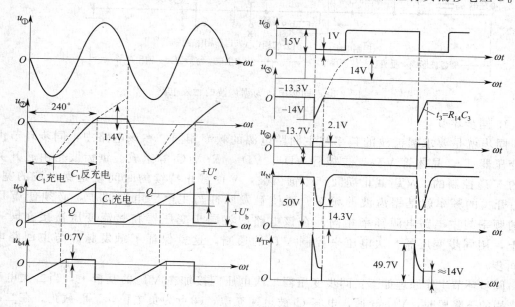

图 2-39 锯齿波触发电路各点电压波形

到某值固定，改变控制电压 U_c，就可以改变 u_{b4} 的波形与时间横坐标的交点，也就改变了 VT_4 转为导通的时刻，即改变了触发脉冲产生的时刻，达到移相的目的。设置负偏移电压 U_b 的目的是为了使 U_c 为正，实现从小到大单极性调节。通常设置 $U_c=0$ 时为 α 角的最大值，作为触发脉冲的初始位置，随着 U_c 调大 α 角减小。

3. 脉冲形成、放大和输出环节

脉冲形成环节由晶体管 VT_4、VT_5、VT_6 组成；放大和输出环节由 VT_7、VT_8 组成；同步移相电压加在晶体管 VT_4 的基极，触发脉冲由脉冲变压器二次侧输出。

工作原理如下：当 VT_4 的基极电位 $u_{b4}<0.7V$ 时，VT_4 截止，VT_5、VT_6 分别经 R_{14}、R_{13} 提供足够的基极电流使之饱和导通，因此⑥点电位为 $-13.7V$（二极管正向压降按 $0.7V$，晶体管饱和压降按 $0.3V$ 计算），VT_7、VT_8 截止，脉冲变压器无电流流过，二次侧无触发脉冲输出。此时电容 C_3 充电，充电回路为：由电源 $+15V$ 端经 $R_{11}\rightarrow VT_5$ 发射极 $\rightarrow$ $VT_6\rightarrow VD_4\rightarrow$ 电源 $-15V$ 端。C_3 充电电压为 $28.3V$，极性为左正右负。

当 $u_{b4}=0.7V$ 时，VT_4 导通，④点电位由 $+15V$ 迅速降低至 $1V$ 左右，由于电容 C_3 两端电压不能突变，使 VT_5 的基极电位⑤点跟着突降到 $-27.3V$，导致 VT_5 截止，它的集电极电压升至 $2.1V$，于是 VT_7、VT_8 导通，脉冲变压器输出脉冲。与此同时，电容 C_3 由 $15V$ 经 R_{14}、VD_3、VT_4 放电后又反向充电，使⑤点电位逐渐升高，当⑤点电位升到 $-13.3V$ 时，VT_5 发射结正偏导通，使⑥点电位从 $2.1V$ 又降为 $-13.7V$，迫使 VT_7、VT_8 截止，输出脉冲结束。

由以上分析可知，VT_4 开始导通的瞬时是输出脉冲产生的时刻，也是 VT_5 转为截止的瞬时。VT_5 截止的持续时间就是输出脉冲的宽度，脉冲宽度由 C_3 反向充电的时间常数（$t_3=C_3R_{14}$）来决定，输出窄脉冲时，脉宽通常为 $1ms$（即 $18°$）。

R_{16}、R_{17} 分别为 VT_7、VT_8 的限流电阻；VD_6 可以提高 VT_7、VT_8 的导通阈值，增强抗干扰能力；电容 C_5 用于改善输出脉冲的前沿陡度；VD_7 可以防止 VT_7、VT_8 截止时脉冲变压器一次侧的感应电动势与电源电压叠加，造成 VT_8 的击穿；变压器二次侧所接的 VD_8、VD_9 是为了保证输出脉冲只能正向加在晶闸管的门极和阴极两端。

4. 双脉冲形成环节

三相全控桥式电路要求触发脉冲为双脉冲，相邻两个脉冲间隔为 $60°$，该电路可以实现双脉冲输出。

如图 2-38 所示，双脉冲形成环节的工作原理如下：VT_5、VT_6 两个晶体管构成"或门"电路，当 VT_5、VT_6 都导通时，VT_7、VT_8 都截止，没有脉冲输出。但只要 VT_5、VT_6 中有一个截止，就会使 VT_7、VT_8 导通，脉冲就可以输出。VT_5 基极端由本相同步移相环节送来的负脉冲信号使其截止，导致 VT_8 导通，送出第一个窄脉冲，接着由滞后 $60°$ 的后相触发电路在产生其本相脉冲的同时，由 VT_4 管的集电极经 R_{12} 的 X 端送到本相的 Y 端，经电容 C_4 微分产生负脉冲送到 VT_6 基极，使 VT_6 截止，于是本相的 VT_8 又导通一次，输出滞后 $60°$ 的第二个窄脉冲。VD_3、R_{12} 的作用是为了防止双脉冲信号的相互干扰。

对于三相全控桥式电路，电源三相 U、V、W 为正相序时，6 只晶闸管的触发顺序是 $VT_1\rightarrow VT_2\rightarrow VT_3\rightarrow VT_4\rightarrow VT_5\rightarrow VT_6$，彼此间隔 $60°$，为了得到双脉冲，6 块触发板的 X、Y 可按图 2-40 所示方式连接，即后相的 X 端与前相的 Y 端相连。

应注意的是，使用这种触发电路的晶闸管装置，三相电源的相序是确定的。在安装使用时，应先测量电源的相序，进行正确的连接。如果相序接反了，装置将不能正常的工作。

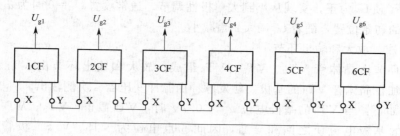

图 2-40　双脉冲的连接示意图

5. 强触发及脉冲封锁环节

在晶闸管串、并联使用或全控桥式电路中，为了保证被触发的晶闸管同时导通。可采用输出幅值高、前沿陡的强脉冲触发电路。

强触发环节为图 2-38 中右上角那部分电路。工作原理如下：变压器二次侧 30V 电压经桥式整流，电容和电阻 p 形滤波，得到近似 50V 的直流电压，当 VT_8 导通时，C_6 经过脉冲变压器、$R_{17}(C_5)$、VT_8 迅速放电，由于放电回路电阻较小，电容 C_6 两端电压衰减很快，N 点电位迅速下降。当 N 点电位稍低于 15 V 时，二极管 VD_{10} 由截止变为导通，这时虽然 50V 电源电压较高，但它向 VT_8 提供较大电流时，在 R_{19} 上的压降较大，使 R_{19} 的左端不可能超过 15V，因此 N 点电位被钳制在 15V。当 VT_8 由导通变为截止时，50V 电源又通过 R_{19} 向 C_6 充电，使 N 点电位再次升到 50V，为下一次强触发做准备。

电路中的脉冲封锁信号为零电位或负电位，是通过 VD_5 加到 VT_5 集电极的。当封锁信号接入时，晶体管 VT_7、VT_8 就不能导通，触发脉冲无法输出。二极管 VD_5 的作用是防止封锁信号接地时，经 VT_5、VT_6 和 VD_4 到 −15V 之间产生大电流通路。

同步电压为锯齿波的触发电路，具有抗干扰能力强，不受电网电压波动与波形畸变的直接影响，移相范围宽的优点，缺点是整流装置的输出电压 U_d 与控制电压 U_c 之间不成线性关系，电路比较复杂。

四、集成触发电路

随着晶体管技术的发展，对其触发电路的可靠性提出了更高的要求，集成触发电路具有可靠性高、技术性能好、体积小、功耗低、调试方便等优点。晶闸管触发电路的集成化已逐渐普及，并逐步取代分立式电路。下面介绍由集成元件 KC 系列中 KC04、KC41C 组成的三相集成触发电路和功能更强的西门子 TCA785 集成触发器。

1. KC04、KC41C 组成的三相集成触发电路

（1）KC04 移相触发器　KC04 移相触发器与分立元件的锯齿波移相触发电路相似，分为同步、锯齿波形成、移相控制、脉冲形成、放大输出等环节。该器件适用于单相、三相全控桥式整流装置中作晶闸管双路脉冲移相触发。

如图 2-41 所示，它有 16 个引出端。16 端接正 15V 电源，3 端通过 30kΩ 电阻和 6.8Ω 电位器接负 15V 电源，7 端接地。正弦同步电压经 15kΩ 电阻接至 8 端，进入同步环节。3、4 端接 0.47μF 电容与集成电路内部三极管构成电容负反馈锯齿波发生器。9 端为锯齿波电压、负直流偏压和控制移相压综合比较输入。11 和 12 端接 0.47μF 电容后接 30kΩ 电阻，再接 15V 电源与集成电路内部三极管构成脉冲形成环节。脉宽由时间常数 0.047μF × 30kΩ

决定。13 和 14 端是提供脉冲列调制和脉冲封锁控制端。1 和 15 端输出相位差 180°的两个窄脉冲。KC04 移相触发器部分引脚的电压波形如图 2-42(a) 所示。

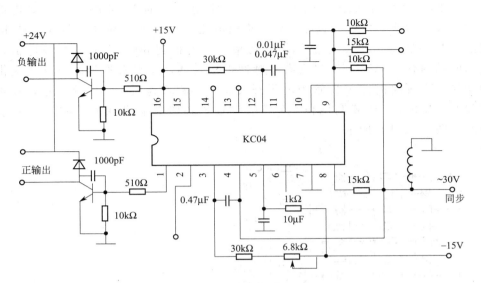

图 2-41　KC04 移相触发器

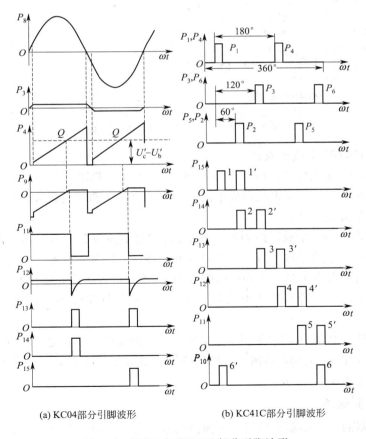

(a) KC04部分引脚波形　　　　　(b) KC41C部分引脚波形

图 2-42　KC04 与 KC41C 部分引脚波形

（2）KC41C 六路双脉冲形成器　KC41C 内部电路及外部接线图如图 2-43 所示。使用时，KC41C 与三块 KC04 组成三相桥式全控整流的双脉冲触发电路，如图 2-44 所示。把三块 KC04 触发器的 6 个输出端分别接到 KC41C 的 1～6 端。KC41C 内部二极管具有的"或"功能形成双窄脉冲，再由集成电路内部的 6 只晶体管放大，从 10～15 端外接的 VT_1～VT_6（3DK6）晶体管做功率放大可得到 800mA 触发脉冲电流，可触发大功率的晶闸管。KC41C 不仅具有双脉冲形成功能，还具有作为电子开关提供封锁控制的功能。集成块内部 VT_7 管为电子开关，当 7 脚接地时，VT_7 管截止，各路可输出触发脉冲。反之，7 脚置高电位，VT_7 管导通，各路无输出脉冲。KC41C 各引脚的脉冲波形如图 2-42（b）所示。

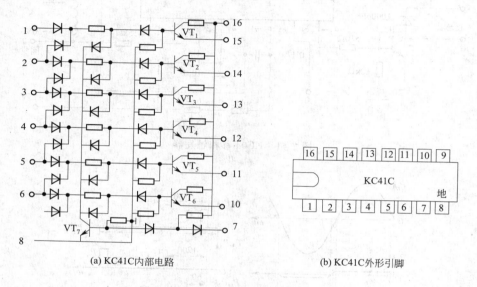

(a) KC41C内部电路　　　　　　　　(b) KC41C外形引脚

图 2-43　KC41C 内部电路及外形引脚

2. 西门子 TCA785 集成触发器

西门子 TCA785 集成电路的内部框图如图 2-45 所示。TCA785 集成块内部主要由"同步寄存器"、"基准电源"、"锯齿波形成电路"、"移相电压"和"锯齿波比较电路"和"逻辑控制功率放大"等功能块组成。

同步信号从 TCA785 集成电路的第 5 脚输入，"过零检测"部分对同步电压信号进行检测，当检测到同步信号过零时，信号送"同步寄存器"，"同步寄存器"输出控制锯齿波发生电路，锯齿波的斜率大小由第 9 脚外接电阻和 10 脚外接电容决定；输出脉冲宽度由 12 脚外接电容的大小决定；14、15 脚输出对应负半周和正半周的触发脉冲，移相控制电压从 11 脚输入。

具体电路如图 2-46 所示，电位器 R_{P_1} 主要调节锯齿波的斜率，电位器 R_{P_2} 则调节输入的移相控制电压，脉冲从 14、15 脚输出，输出的脉冲恰好互差 180°，可供单相整流及逆变实验用，各点波形如图 2-47 所示。

五、数字触发电路

数字触发电路的形式很多，采用微机控制的数字触发电路，其电路简单、控制灵活、准确可靠，图 2-48 所示为微机控制数字触发系统组成框图。图中，触发延迟角设定值以数字

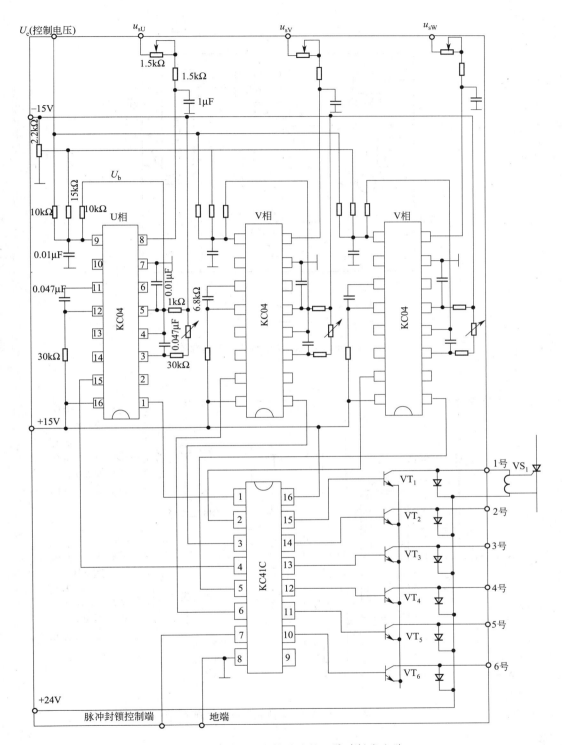

图 2-44 三相桥式全控整流的双脉冲触发电路

形式通过接口电路送给微机,微机以基准点作为计时起点开始计数,当计数值与触发延迟角对应的数值一致时,微机就发出触发信号,该信号经输出脉冲放大,由隔离电路送至晶

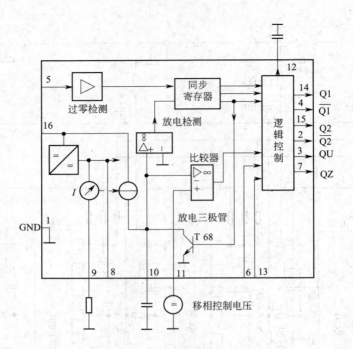

图 2-45　西门子 TCA785 集成电路内部框图

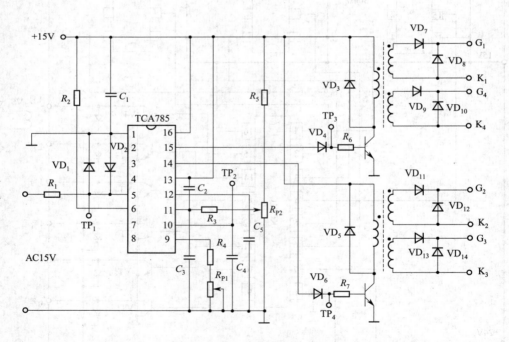

图 2-46　TCA785 集成触发电路原理图

闸管。

1. 以 8031 单片机组成的三相桥式全控整流电路的触发系统工作原理

8031 单片机内部有两个 16 位可编程定时器/计数器 T_0、T_1，将其设置为定时器方式 1，则 16 位对机器周期进行计数。首先将初值装入 TL（低 8 位）及 TH（高 8 位），启动定时

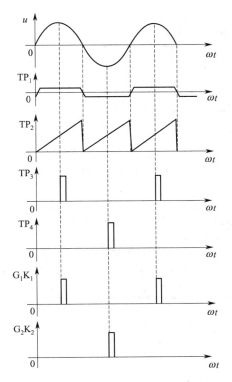

图 2-47　TCA785 集成触发电路的各点电压波形（$\alpha = 90°$）

图 2-48　微机控制数字触发系统框图

器，即开始从初值加 1 计数，当计数值溢出时，向 CPU 发出中断申请，CPU 响应后执行相应的中断程序。在中断程序中，让单片机发出触发信号，因此改变计数器的初值，就可改变定时长短。

该电路在一个工频周期内，6 只晶闸管的组合触发顺序为：6、1；1、2；2、3；3、4；4、5；5、6。若系统采用双脉冲触发方式，则每工频周期要发出 6 对脉冲，如图 2-49（b）所示。为了使微机输出的脉冲与晶闸管承受的电源电压同步，必须设法在交流电源的每一周期产生一个同步基准信号，本系统采用线电压过零点作为同步参考点，如图 2-49（b）所示的 A 点，即是线电压 u_{uv} 的过零点。

2. 微机触发系统的硬件设置

系统硬件配置框图如图 2-50 所示。8031 单片机共有 4 个并行的 I/O 口，用 P_0 口作为数据总线和外部存储器的低 8 位地址总线，数据和地址为分时控制，由 ALE 信号控制地址锁存；P_2 口作为外部存储器的高 8 位地址总线口；P_1 口为输入口，用于读取控制 α 的设定值；P_3 口为双功能口，用 $P_{3.2}$ 脚第二功能作为外部中断 $\overline{INT_0}$ 输入端。由于 8031 单片机内部没有程序存储器，因此外接一片 EPROM2716。74LS373 为地址锁存器，输出脉冲通过并行接口芯片 8155 输出，再经功率放大后与晶闸管门极相连。

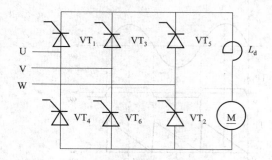

(a) 三相全控桥式可控整流电路

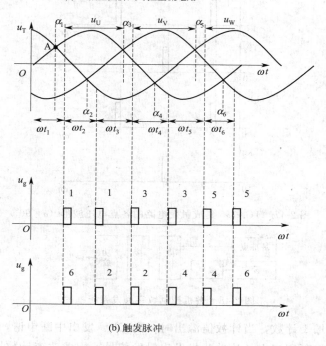

(b) 触发脉冲

图 2-49　三相全控桥式可控整流电路及触发脉冲

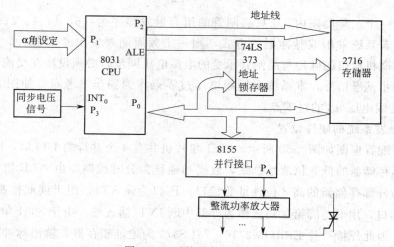

图 2-50　系统硬件配置框图

六、触发脉冲与主电路电压的同步与防止误触发的措施

1. 触发电路同步电源电压的选择

在安装、调试晶闸管装置时，时常遇到一种故障：分别单独检查主电路和触发电路都是正常，但连接起来工作就不正常，输出电压波形不规则。这种故障往往是由于不同步造成的。

同步是指触发电路工作频率与主电路交流电源的频率应当保持一致，且每个晶闸管的触发脉冲与施加于晶闸管的交流电压保持合适的相位关系。提供给触发器合适相位的电压称为同步信号电压，为保证触发电路和主电路频率一致，利用一个同步变压器，将其一次侧接入为主电路供电的电网，由其二次侧提供同步电压信号。由于触发电路不同，要求的同步电源电压的相位也不一样，可以根据变压器的不同连接方式来得到。

现以三相全控桥可逆电路中同步电压为锯齿波的触发电路为例，说明如何选择同步电源电压。

三相全控桥电路六个晶闸管的触发脉冲依次相隔 $60°$，所以输入的同步电源电压相位也必须依次相隔 $60°$。这六个同步电压通常用一台具有两组二次绕组的三相变压器获得。因此只要一块触发板的同步电压相位符合要求，即可获得其他五个合适的同步电压。下面以某一相为例，分析如何确定同步电源电压。

采用锯齿波同步的触发电路，同步信号负半周的起点对应于锯齿波的起点，调节 R_1C_1 可使同步信号电压锯齿波宽度为 $240°$。考虑锯齿波起始段的非线性，故留出 $60°$ 的余量，电路要求的移相范围为 $30°\sim150°$，可加直流偏置电压使锯齿波中点与横轴相交，作为触发脉冲的初始相位，对应于 $\alpha=90°$，此时置控制电压 $U_C=0$，输出电压 $U_O=0$。$\alpha=0°$ 是自然换相点，对应于主电源电压相角 $\omega t=30°$。所以 $\alpha=90°$ 的位置即主电源电压 $\omega t=120°$ 相角处。因此，由某相交流同步电压形成锯齿波的相位及移相范围刚好对应于与它相位相反的主电路电源，即主电路 $+\alpha$ 相晶闸管的触发电路应选择 $-\alpha$ 相作为交流同步电压。其他晶闸管触发电路的同步电压，可同理推之。由以上分析，当主电源变压器接法为 Y，y_{n0} 接法以获得 $+a$、$+b$、$+c$ 各相同步。图 2-51 中画出了变压器及同步变压器的连接与电压向量图，以及对应关系。

各种系统同步电源与主电路的相位关系是不同的，应根据具体情况选取同步变压器的连接方法。三相变压器有 24 种接法，可得到 12 种不同相位的二次电压。

2. 防止误触发的措施

环境的电磁干扰常会影响晶闸管触发电路的工作可靠性。交流电网正弦波质量不好，特别是电网同时供给其他晶闸管装置时，晶闸管的导通可能引起电网电压波形缺口。采用同步电压为锯齿波的触发电路，可以避免电网电压波动的影响。

造成晶闸管误导通，多数是由于干扰信号进入控制极电路而引起的。通常可采用如下措施。

(1) 脉冲变压器初、次级间加静电隔离。

(2) 应尽量避免电感元件靠近控制极电路。

(3) 控制极回路导线采用金属屏蔽线，且金属屏蔽层应接"地"。

(4) 选用触发电流较大的晶闸管。

(5) 在控制极和阴极间并联一个 $0.01\sim0.1F$ 电容，可以有效地吸收高频干扰。

(6) 在控制极和阴极间加反偏电压。

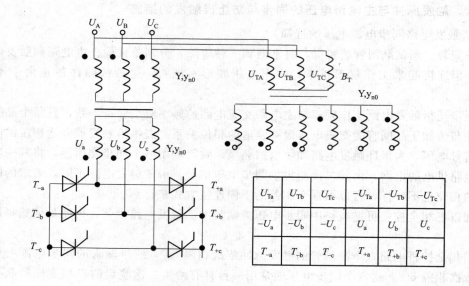

U_{Ta}	U_{Tb}	U_{Tc}	$-U_{Ta}$	$-U_{Tb}$	$-U_{Tc}$
$-U_a$	$-U_b$	$-U_c$	U_a	U_b	U_c
T_{-a}	T_{-b}	T_{-c}	T_{+a}	T_{+b}	T_{+c}

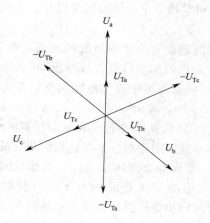

图 2-51 同步变压器的连接

把稳压管接到控制极和阴极之间，也可用几个二极管反向串联，利用管压降代替反压作用。反压值一般取 3V 左右。

课题五 应 用 电 路

一、家用调光灯

调光灯在日常生活中的应用非常广泛，其种类也很多。图 2-52 是常见的调光灯。旋动调光灯的旋钮可以调节灯泡的亮度。图 2-53 是晶闸管相控调光灯电路原理图。调光灯是通过改变流过灯泡的电流，来实现调光的。晶闸管相控调光是通过控制晶闸管的导通角，改变输出电压的大小，从而实现调光。由于这种方法具有体积小、价格合理和调光功率控制范围宽等优点，是目前使用最为广泛的调光方法。此电路由主电路和触发电路两部分组成，通过对电路的分析使学生加深前面所学知识的理解，掌握分析电路的方法。

图 2-52 调光灯

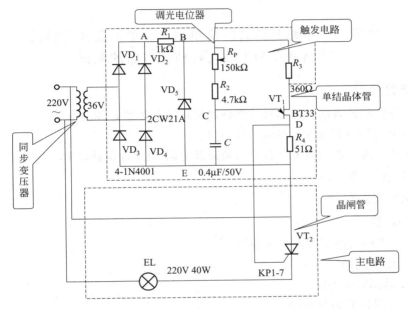

图 2-53 晶闸管相控调光灯电路原理图

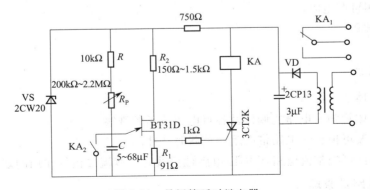

图 2-54 晶闸管延时继电器

二、晶闸管延时继电器

图 2-54 是一个晶闸管延时继电器电路。交流电源电压经变压器变压、二极管 VD 半波整

流、电容器滤波及 VS 稳压后，为单结晶体管触发电路提供直流电源。整流、滤波后的直流电压为晶闸管提供正向电压。电源接通后，直流电压经电位器 R_P、电阻 R 对电容器 C 充电，经过一定的延时后，C 上的电压升高到单结晶体管的峰值电压 U_P，单结晶体管导通，在电阻 R_1 上形成触发脉冲电压，触发晶闸管导通，继电器 KA 的吸收线圈通电，使其常闭触点断开，常开触点闭合。KA_1 的常开触点闭合，可将电气设备的电路接通。从电源接通到继电器触点动作的一段时间，即为继电器的延时时间。调节 R_P 的阻值，便可调整延时时间。在 KA_1 闭合的同时，KA_2 也闭合，使电容器 C 迅速放电，为下次充电做好准备。被触发后的晶闸管一直处于导通状态，只有电源切断后才恢复关断。晶闸管在电路中起着直流开关的作用。

实践技能训练

实训一　单结晶体管的简单测试、单结晶体管触发
电路和单相半波可控整流电路的调试

一、实训目标

（1）认识单结晶体管的外形结构，掌握测试单结晶体管好坏的方法。

（2）掌握单结晶体管触发电路的调试方法。

（3）对单相半波可控整流电路在电阻负载及电阻-电感性负载时的工作情况作全面分析。

（4）了解续流二极管的作用。

二、实训设备及仪器

① 单结晶体管。

② DJDK-1 型电力电子技术实训装置。

③ DJK01 电源控制屏。

④ DJK02 晶闸管主电路。

⑤ DJK03-1 晶闸管触发电路。

⑥ DJK06 给定及实验器件。

⑦ D42 三相可调电阻。

⑧ 双踪示波器。

⑨ 万用表。

三、实训内容

（1）单结晶体管的测试。

（2）单结晶体管触发电路的调试及各点电压波形的观察。

（3）单相半波可控整流电路带电阻性负载时特性测定。

（4）单相半波可控整流电路带电阻-电感性负载时，续流二极管作用的观察。

四、实训线路及原理

将 DJK03-1 挂件上的单结晶体管触发电路的输出端 "G" 和 "K" 接到 DJK02 挂件面板上的反桥中的任意一个晶闸管的门极和阴极，并将相应的触发脉冲的钮子开关关闭（防止误触发），图 2-55 中的 R 负载用模块 D42 三相可调电阻，将两个 900Ω 接成并联形式。二极管

VD_1 和开关 S_1 均在 DJK06 挂件上，电感 L_d 在 DJK02 面板上，有 100mH、200mH、700mH 三档可供选择，本实验中选用 700mH。直流电压表及直流电流表从 DJK02 挂件上得到。

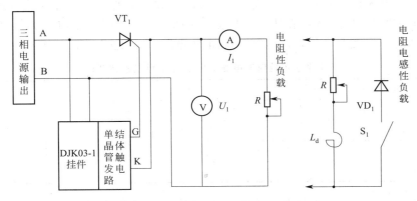

图 2-55 单相半波可控整流电路测试原理图

五、实训方法

1. 单结晶体管的测试

用万用表 $R×1k$ 的电阻档测量单结晶体管的各极之间的正反向电阻，并填入下表中，以判断被测单结晶体管的好坏。

单结晶体管的测量记录表

项目	R_{eb1}	R_{b1e}	R_{eb2}	R_{b2e}	R_{b1b2}	结论
1						

2. 单结晶体管触发电路的调试及各点电压波形的观察

将 DJK01 电源控制屏的电源选择开关打到"直流调速"侧，使输出线电压为 200V，用两根导线将 200V 交流电压接到 DJK03-1 的"外接 220V"端，按下"启动"按钮，打开 DJK03-1 电源开关，用双踪示波器观察单结晶体管触发电路中经半波整流后"1"点的波形，经稳压管削波得到"2"点的波形，调节移相电位器 R_{P_1}，观察"4"点锯齿波的周期变化及"5"点的触发脉冲波形；最后观测输出的"G、K"触发电压波形，调节移相电位器 R_{P_1}，观察锯齿波的周期变化及输出脉冲波形的移相范围。

3. 单相半波可控整流电路接电阻性负载

触发电路调试正常后，按图 2-55 接线。将电阻器调在最大阻值位置，按下"启动"按钮，用示波器观察负载电压 U_d、晶闸管 VT 两端电压 U_{VT} 的波形，调节电位器 R_{P_1}，观察 $α=30°$、$60°$、$90°$、$120°$ 时 U_d、U_{VT} 的波形，并测量直流输出电压 U_d 和电源电压 U_2，记录于下表中。

单相半波可控整流电路接电阻性负载的测试

$α$	30°	60°	90°	120°
U_2				
U_d（记录值）				
U_d/U_2				
U_d（计算值）				

4. 单相半波可控整流电路接电阻-电感性负载

将负载电阻 R 改成电阻-电感性负载（由电阻器与平波电抗器 L_d 串联而成）。暂不接续流二极管 VD_1，在不同阻抗角 [阻抗角 $f = \arctan(\omega L/R)$，保持电感量不变，改变 R 的电阻值，注意电流不要超过 1A] 情况下，观察 $\alpha = 30°$、$60°$、$90°$、$120°$ 时的直流输出电压值 U_d 及 U_{VT} 的波形，并测量直流输出电压 U_d 和电源电压 U_2，记录于下表中。

单相半波可控整流电路接电阻-电感性负载的测试

α	30°	60°	90°	120°
U_2				
U_d（记录值）				
U_d/U_2				
U_d（计算值）				

接入续流二极管 VD_1，重复上述过程，观察续流二极管的作用，以及 U_{VD1} 波形的变化。

接入续流二极管后的测试

α	30°	60°	90°	120°
U_2				
U_d（记录值）				
U_d/U_2				
U_d（计算值）				

六、实训报告要求

（1）根据实训记录判断被测单结晶体管的好坏，写出简易判断的方法。

（2）根据实训测试结果填写上述的表格。

（3）画出 $\alpha = 90°$ 时，三种负载时的 u_d、u_{VT} 波形。

（4）分析续流二极管的作用。

实训二 锯齿波同步触发电路的调试

一、实训目标

（1）加深理解锯齿波同步触发电路的工作原理及各元件的作用。

（2）掌握锯齿波同步触发电路的调试方法。

二、实训设备及仪器

① DJK01 电源控制屏。

② DJK03-1 晶闸管触发电路。

③ 双踪示波器。

三、实训内容

（1）锯齿波同步触发电路的调试。

（2）锯齿波同步触发电路各点波形的观察和分析。

四、实训线路及原理

锯齿波同步触发电路的原理图如图 2-56 所示。锯齿波同步触发电路由同步环节，锯齿波形成及脉冲移相环节，脉冲形成、放大和输出环节，双脉冲形成环节，强触发环节组成，其工作原理可参见前面教材中的相关内容。

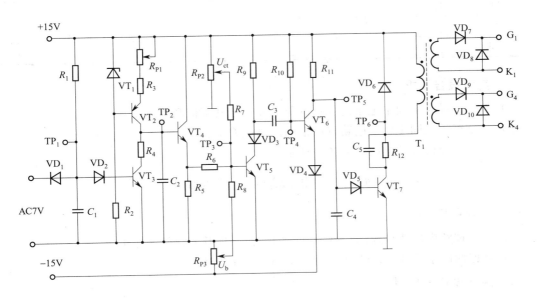

图 2-56　锯齿波同步触发电路的原理图

五、实训方法

（1）用两根导线将电源控制屏交流电压接到触发电路的"外接 220V"端。

（2）打开电源控制屏上的电源总开关，将电源选择开关打到"直流调速"侧，使输出线电压为 200V，将晶闸管触发电路挂件上的电源开关打到"开"的位置，按下电源控制屏上的"启动"按钮。

（3）用双踪示波器观察锯齿波同步触发电路各观察孔的电压波形。

① 同时观察同步电压和"1"点的电压波形，了解"1"点波形形成的原因。

② 观察"1"、"2"点的电压波形，了解锯齿波宽度和"1"点电压波形的关系。

③ 调节电位器 R_{P_1}，观测"2"点锯齿波斜率的变化。

④ 观察"3"～"6"点电压波形和输出电压的波形，比较"3"点电压 u_3 和"6"点电压 u_6 的对应关系。

（4）调节触发脉冲的移相范围。将控制电压 U_{ct} 调至零（将电位器 R_{P_2} 顺时针旋到底），用示波器观察同步电压信号和"6"点 u_6 的波形，调节偏移电压 U_b（即调 R_{P_3} 电位器），使 $\alpha=170°$，其波形如图 2-57 所示。

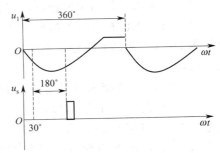

图 2-57　波形图

（5）调节 U_{ct}（即电位器 R_{P_2}）使 $\alpha=60°$，观察并记录 $u_1 \sim u_6$ 及输出"G、K"脉冲电压的波形，标出其幅值与宽度，并记录在下表中（可在示波器上直接读出，读数时应将示波器的"v/div"和"t/div"微调旋钮旋到校准位置）。

测试记录表

项　　目	u_1	u_2	u_3	u_4	u_5	u_6
幅值/V						
宽度/ms						
波形						

六、实训报告要求

（1）整理、描绘实训中记录的各点波形，并标出其幅值和宽度。

（2）总结锯齿波同步触发电路移相范围的调试方法。

（3）讨论、分析实训中出现的各种现象。

实训三　集成触发电路的调试

一、实训目标

（1）加深理解锯齿波集成同步触发电路的工作原理及各元件的作用。

（2）掌握西门子的 TCA785 集成触发电路的调试方法。

二、实训设备及仪器

① DJK01 电源控制屏。

② DJK03-1 晶闸管触发电路。

③ 双踪示波器。

三、实训内容

（1）TCA785 集成触发电路的调试。

（2）TCA785 集成触发电路各点波形的观察和分析。

四、实训线路及原理

TCA785 集成触发电路的原理内容参照本教材前面所述。

五、实训方法

（1）用两根导线将电源控制屏交流电压接到触发电路的"外接 220V"端。

（2）打开电源控制屏上的电源总开关，将电源选择开关打到"直流调速"侧，使输出线电压为 200V，将晶闸管触发电路挂件上的电源开关打到"开"的位置，按下电源控制屏上的"启动"按钮。

（3）将示波器探头的接地端与挂件上的地（黑色插孔）相连，用双踪示波器一路探头观测 15V 的同步电压信号，另一路探头观察 TCA785 触发电路，同步信号"1"点的波形，"2"点锯齿波，调节斜率电位器 R_{P_1}，观察"2"点锯齿波的斜率变化，"3"、"4"互差 180°的触发脉冲；最后观测输出的四路触发电压波形，其能否在 30°～170°范围内移相。

（4）调节触发脉冲的移相范围。调节 R_{P_2} 电位器，用示波器观察同步电压信号和"3"点 u_3 的波形，观察和记录触发脉冲的移相范围。

（5）调节电位器 R_{P_2} 使 $\alpha=60°$，观察并记录 $u_1\sim u_4$ 及输出"G、K"脉冲电压的波形，标出其幅值与宽度，并记录在下表中（可在示波器上直接读出，读数时应将示波器的"v/div"和

"t/div"微调旋钮旋到校准位置)。

测试记录表

项　目	u_1	u_2	u_3	u_4
幅值/V				
宽度/ms				
波形				

六、实训报告要求

(1) 整理、描绘实训中记录的各点波形,并标出其幅值和宽度。

(2) 讨论、分析实训中出现的各种现象。

实训四　单相全控桥式可控整流电路的调试

一、实训目标

(1) 加深理解单相全控桥式可控整流电路的工作原理。

(2) 研究单相全控桥式可控整流电路的全过程。

二、实训设备及仪器

① DJK01 电源控制屏。

② DJK03-1 晶闸管触发电路。

③ DJK02 晶闸管主电路。

④ D42 三相可调电阻。

⑤ 双踪示波器。

⑥ 万用表。

三、实训内容

(1) 触发电路的调试。

(2) 单相全控桥式可控整流电路带电阻性负载时特性测定。

(3) 单相全控桥式可控整流电路带电阻-电感性负载时,续流二极管作用的观察。

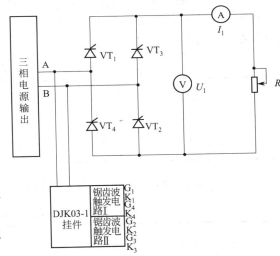

图 2-58　单相全控桥式可控整流电路接线图

四、实训线路及原理

图 2-58 为单相全控桥式可控整流电路带电阻性负载的电路,其输出负载 R 用模块 D42 三相可调电阻器,将两个 900Ω 接成并联形式,电抗 L_d 用 DJK02 面板上的 700mH 电感器,直流电压、电流表均在 DJK02 面板上。触发电路采用 DJK03-1 组件挂箱上的"锯齿波同步移相触发电路Ⅰ"和"Ⅱ"。

五、实训方法

1. 触发电路的调试

将 DJK01 电源控制屏的电源选择开关打到"直流调速"侧使输出线电压为 200V,用两根导线将 200V 交流电压接到 DJK03-1 的"外接 220V"端,按下"启动"按钮,打开 DJK03-1 电源开关,用示波器观察锯齿波同步触发电路各观察孔的电压波形。

将控制电压 U_{ct} 调至零（将电位器 R_{P_2} 顺时针旋到底），观察同步电压信号和"6"点 U_6 的波形，调节偏移电压 U_b（即调 R_{P_3} 电位器），使 $\alpha = 180°$。

2. 单相全控桥式可控整流电路的调试

将锯齿波触发电路的输出脉冲端分别接至全控桥中相应晶闸管的门极和阴极，注意不要把相序接反了。其输出负载 R 用模块 D42 三相可调电阻器，将两个 900Ω 接成并联形式，电抗 L_d 用 DJK02 面板上的 700mH 电感器，直流电压、电流表均在 DJK02 面板上。将 DJK02 上的正桥和反桥触发脉冲开关都打到"断"的位置，并使 U_{lf} 和 U_{lr} 悬空，确保晶闸管不被误触发。

（1）电阻性负载。将滑动变阻器放在最大阻值处，按下"启动"，增加 U_{ct}，在 $\alpha = 0°$、$30°$、$60°$、$90°$、$120°$ 时，用示波器观察，记录整流电压 u_d 和晶闸管两端电压 u_{vt} 的波形，并记录电源电压 U_2 和负载电压 U_d 的数值于下表中。

电阻性负载测试记录表

α	0°	30°	60°	90°	120°
U_2					
U_d（记录值）					
U_d（计算值）					

（2）电阻-电感性负载。将负载改接成电阻-电感性负载。在 $\alpha = 0°$、$30°$、$60°$、$90°$、$120°$ 时，用示波器观察，记录整流电压 u_d 和晶闸管两端电压 u_{vt} 的波形，并记录电源电压 U_2 和负载电压 U_d 的数值于下表中。

电阻-电感性负载测试记录表

α	0°	30°	60°	90°	120°
U_2					
U_d（记录值）					
U_d（计算值）					

（3）接入续流二极管 VD。重复上述过程。

电阻-电感性负载接入续流二极管时测试记录表

α	0°	30°	60°	90°	120°
U_2					
U_d（记录值）					
U_d（计算值）					

六、实训报告要求

（1）根据实训测试结果填写上述的表格。

（2）画出 $\alpha = 30°$、$60°$、$90°$、$120°$、$150°$ 时 u_d 和 u_{VT} 的波形。

实训五　三相半波可控整流电路的调试

一、实训目标

（1）加深理解三相半波可控整流电路的工作原理。

（2）研究三相半波可控整流电路的全过程。

二、实训设备及仪器

① DJK01 电源控制屏。

② DJK03-1 晶闸管触发电路。

③ DJK02 晶闸管主电路。

④ D42 三相可调电阻。

⑤ 双踪示波器。

⑥ 万用表。

三、实训内容

（1）触发电路的调试。

（2）研究三相半波可控整流电路带电阻性负载。

（3）研究三相半波可控整流电路带电阻电感性负载。

四、实训线路及原理

三相半波可控整流电路用了三只晶闸管，与单相电路比较，其输出电压脉动小，输出功率大。不足之处是晶闸管电流即变压器的副边电流在一个周期内只有 1/3 时间有电流流过，变压器利用率较低。图 2-59 中晶闸管用 DJK02 正桥组的三个，电阻 R 用模块 D42 三相可调电阻，将两个 900Ω 接成并联形式，L_d 电感用 DJK02 面板上的 700mH 电感器，其三相触发信号由 DJK02-1 内部提供，只需在其外加一个给定电压接到 U_{ct} 端即可。直流电压、电流表由 DJK02 获得。

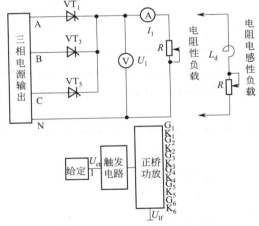

图 2-59　三相半波可控整流电路接线图

五、实训方法

1. 触发电路的调试

（1）打开 DJK01 总电源开关，操作"电源控制屏"上的"三相电网电压指示"开关，观察输入的三相电网电压是否平衡。

（2）将 DJK01 "电源控制屏"上 "调速电源选择开关"拨至"直流调速"侧。

（3）用 10 芯的扁平电缆，将 DJK02 的"三相同步信号输出"端和 DJK02-1 "三相同步信号输入"端相连，打开 DJK02-1 电源开关，拨动"触发脉冲指示"钮子开关，使"窄"的发光管亮。

（4）观察 A、B、C 三相的锯齿波，并调节 A、B、C 三相锯齿波斜率调节电位器（在各观测孔左侧），使三相锯齿波斜率尽可能一致。

（5）将 DJK06 上的"给定"输出 U_g 直接与 DJK02-1 上的移相控制电压 U_{ct} 相接，将给定开关 S_2 拨到接地位置（即 $U_{ct}=0$），调节 DJK02-1 上的偏移电压电位器，用双踪示波器观察 A 相同步电压信号和"双脉冲观察孔" VT_1 的输出波形，使 $\alpha=150°$（注意此处的 α 表示三相晶闸管电路中的移相角，它的 0° 是从自然换流点开始计算，前面实验中的单相晶闸管电路的 0° 移相角表示从同步信号过零点开始计算，两者存在相位差，前者比后者滞后 30°）。

（6）适当增加给定 U_g 的正电压输出，观测 DJK02-1 上"脉冲观察孔"的波形，此时应观测到单窄脉冲和双窄脉冲。

（7）用 8 芯的扁平电缆，将 DJK02-1 面板上"触发脉冲输出"和"触发脉冲输入"相连，使得触发脉冲加到正反桥功放的输入端。

（8）将 DJK02-1 面板上的 U_{lf} 端接地，用 20 芯的扁平电缆，将 DJK02-1 的"正桥触发脉冲输出"端和 DJK02"正桥触发脉冲输入"端相连，并将 DJK02"正桥触发脉冲"的六个开关拨至"通"，观察正桥 $VT_1 \sim VT_6$ 晶闸管门极和阴极之间的触发脉冲是否正常。

2. 三相半波可控整流电路的调试

（1）电阻性负载。按图 2-59 接线，将电阻器放在最大阻值处，按下"启动"按钮，DJK06 上的"给定"从零开始，慢慢增加移相电压，使 α 能从 30°到 180°范围内调节，用示波器观察并纪录三相电路中 $\alpha=30°$、60°、90°、120°、150°时整流输出电压 u_d 和晶闸管两端电压 u_{VT} 的波形，并纪录相应的电源电压 U_2 及 U_d 的数值于下表中。

电阻性负载测试记录表

α	30°	60°	90°	120°	150°
U_2					
U_d（记录值）					
U_d/U_2					
U_d（计算值）					

（2）电阻-电感性负载。将 DJK02 上 700mH 的电抗器与负载电阻 R 串联后接入主电路，观察不同移相角 α 时 u_d、u_{VT} 的输出波形，并记录相应的电源电压 U_2 及 U_d 值于下表中。

电阻-电感性负载测试记录表

α	30°	60°	90°	120°
U_2				
U_d（记录值）				
U_d/U_2				
U_d（计算值）				

六、实训报告要求

（1）根据实训测试结果填写上述的表格。

（2）绘出当 $\alpha=90°$ 时，整流电路供电给电阻性负载、电阻-电感性负载时的 u_d、i_d 及 u_{VT} 的波形，并进行分析讨论。

实训六 三相全控桥式可控整流电路的调试

一、实训目标

（1）加深理解三相全控桥式可控整流电路的工作原理。

（2）研究三相全控桥式可控整流电路的全过程。

二、实训设备及仪器

① DJK01 电源控制屏。

② DJK03-1 晶闸管触发电路。

③ DJK02 晶闸管主电路。

④ D42 三相可调电阻。

⑤ 双踪示波器。

⑥ 万用表。

三、实训内容

（1）触发电路的调试。

（2）研究三相全控桥式可控整流电路带电阻性负载。

四、实训线路及原理

实验线路如图 2-60 所示。主电路由三相全控桥式可控整流电路组成，触发电路为 DJK02-1 中的集成触发电路。

五、实训方法

（1）触发电路的调试。同三相半波可控整流电路触发电路调试。

（2）三相全控桥式可控整流电路调试。按图 2-60 接线，将 DJK06 上的"给定"输出调到零（逆时针旋到底），使电阻器放在最大阻值处，按下"启动"按钮，调节给定电位器，增加移相电压，使 α 角在 $30°\sim150°$ 范围内调节，同时，根据需要不断调整负载电阻 R，使得负载电流 I_d 保持在 0.6A 左右（注意 I_d 不得超过 0.65A）。用示波器观察并记录 $\alpha=30°$、$60°$ 及 $90°$ 时的整流电压 u_d 和晶闸管两端电压 u_{vt} 的波形，并记录相应的 U_d 数值于下表中。

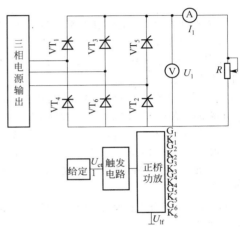

图 2-60　三相全控桥式可控整流电路连接图

三相全控桥式可控整流电路调试记录表

α	30°	60°	90°
U_2			
U_d（记录值）			
U_d/U_2			
U_d（计算值）			

六、实训报告要求

（1）根据实训测试结果填写上述的表格。

（2）画出 $\alpha=30°$、$60°$、$90°$、$120°$、$150°$ 时的整流电压 u_d 和晶闸管两端电压 u_{VT} 的波形。

思考题与习题

1. 有一单相半波可控整流电路，带电阻性负载 $R_d=10\Omega$，交流电源直接从 220V 电网获得，试求：

（1）输出电压平均值 U_d 的调节范围。

（2）计算晶闸管电压与电流并选择晶闸管。

2. 单相半波整流电路，如门极不加触发脉冲；晶闸管内部短路；晶闸管内部断开，试分析上述 3 种情况下晶闸管两端电压和负载两端电压波形。

3. 画出单相半波可控整流电路，当 $\alpha = 60°$ 时，以下三种情况的 u_d、i_d 及 u_T 的波形。

（1）电阻性负载。

（2）大电感负载不接续流二极管。

（3）大电感负载接续流二极管。

4. 某电阻性负载要求 $0 \sim 24\text{V}$ 直流电压，最大负载电流 $I_d = 30\text{A}$，如用 220V 交流直接供电与用变压器降压到 60V 供电，都采用单相半波整流电路，是否都能满足要求？试比较两种供电方案所选晶闸管的导通角、额定电压、额定电流值以及电源和变压器二次侧的功率因数和对电源的容量的要求有何不同、两种方案哪种更合理（考虑 2 倍裕量）？

5. 试述晶闸管变流装置对门极触发电路的一般要求。

6. 单结晶体管自激振荡电路是根据单结晶体管的什么特性组成工作的？振荡频率的高低与什么因素有关？

7. 用分压比为 0.6 的单结晶体管组成振荡电路，若 $U_{bb} = 20\text{V}$，则峰点电压 U_p 为多少？如果管子的 b_1 脚虚焊，电容两端的电压为多少？如果是 b_2 脚虚焊（b_1 脚正常），电容两端电压又为多少？

8. 单相全控桥式整流电路中，若有一只晶闸管因过电流而烧成短路，结果会怎样？若这只晶闸管烧成断路，结果又会怎样？

9. 在单相全控桥式整流电路带大电感负载的情况下，突然输出电压平均值变得很小，且电路中各整流器件和熔断器都完好，试分析故障发生在何处？

10. 单相全控桥式整流电路，大电感负载，交流侧电压有效值为 220V，负载电阻 R_d 为 4Ω，计算当 $\alpha = 60°$ 时，直流输出电压平均值 U_d、输出电流的平均值 I_d；若在负载两端并接续流二极管，其 U_d、I_d 又是多少？此时流过晶闸管和续流二极管的电流平均值和有效值又是多少？画出上述两种情形下的电压电流波形。

11. 单相全控桥式整流电路带大电感负载时，它与单相半控桥式整流电路中的续流二极管的作用是否相同？为什么？

12. 单相半控桥式电路，对恒温电炉供电。已知电炉的电阻为 34Ω，直接由 220V 交流电网输入，试选择晶闸管的型号，并计算电炉的功率。

13. 单相半控桥式整流电路，对直流电动机供电，加有电感量足够大的平波电抗器和续流二极管，变压器二次侧电压 220V，若控制角 $\alpha = 60°$，且此时负载电流 $I_d = 30\text{A}$，计算晶闸管、整流二极管和续流二极管的电流平均值及有效值，以及变压器的二次侧电流 I_2、容量 S。

14. 简述锯齿波同步触发电路的基本组成。

15. 试说明集成触发电路的优点。

16. 三相半波相控整流电路带大电感负载，$R_d = 10\Omega$，相电压有效值 $U_2 = 220\text{V}$。求 $\alpha = 45°$ 时负载直流电压 U_d、流过晶闸管的平均电流 I_{dT} 和有效电流 I_T，画出 u_d、i_{T1}、u_{T1} 的波形。

17. 在图 2-61 所示电路中，当 $\alpha = 60°$ 时，画出下列故障情况下的 u_d 波形。

（1）熔断器 1FU 熔断。

（2）熔断器 2FU 熔断。

（3）熔断器 2FU、3FU 同时熔断。

18. 三相全控桥式整流电路带大电感负载，负载电阻 $R_d = 4\Omega$，要求 U_d 从 $0 \sim 220\text{V}$ 之间变化。试求：

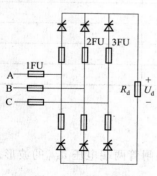

图 2-61 题 17 图

（1）不考虑控制角裕量时，整流变压器二次线电压。

（2）计算晶闸管电压、电流值，如电压、电流取 2 倍裕量，选择晶闸管型号。

项目三　有源逆变器

【学习目标】

- 了解逆变的概念、分类及应用。
- 了解变流装置与外接直流电动势之间的能量转换过程。
- 掌握有源逆变的工作原理、条件。
- 掌握采用有源逆变电路的分析及参数计算。
- 掌握有源逆变失败的原因及最小逆变角的确定。
- 了解有源逆变的应用电路。

在工业生产中不但需要将固定频率、固定的交流电转变为可调电压的直流电，即可控整流，而且还需要将直流电转变为交流电，这一过程称为逆变。逆变与整流互为可逆过程，能够实现可控整流的晶闸管装置称为可控整流器；能够实现逆变的晶闸管装置称为逆变器。如果同一晶闸管装置既可以实现可控整流，又可以实现逆变，这种装置则称为变流器。

逆变电路可分为有源逆变和无源逆变两类。

有源逆变的过程：直流电→逆变器→交流电→交流电网，这种将直流电变成和电网同频率的交流电并将能量回馈给电网的过程称为有源逆变。有源逆变的主要应用有：直流电动机的可逆调速、绕线转子异步电动机的串级调速、高压直流输电等。

无源逆变的过程：直流电→逆变器→交流电→用电器，这种将直流电变成某一频率或频率可调的交流电并供给用电器使用的过程称为无源逆变。无源逆变的主要应用有：交流电动机变频调速、不间断电源 UPS、开关电源、中频加热炉等。

课题一　有源逆变的工作原理

一、晶闸管装置与直流电机间的能量传递

图 3-1 是交流电网经变流器接直流电机的系统示意图。图中变流器的状态可逆是指整流与逆变，直流电机的状态可逆是指电动与发电，实现电网和直流电机间的能量转换。

1. 晶闸管装置整流状态、直流电机电动运行状态

如图 3-1(a) 所示，变流器工作在整流状态，其输出电压极性为上正下负。直流电机 M

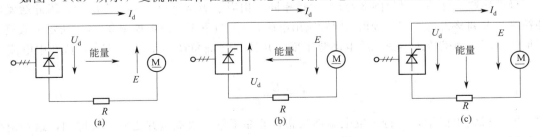

图 3-1　电网与直流电机间能量传递

运行在电动状态，其电枢反电势 E 极性为上正下负，$|U_d| > |E|$，回路中电流 I_d 顺时针方向。根据电工基础知识可知，电流从电源正极流出，则电源供出能量，电流从负载正极流入，则负载吸收能量。因而变流器把交流电网电能变成直流电能供给电机 M 和电阻 R 消耗。

$$I_d = \frac{U_d - E}{R}$$

2. 晶闸管装置逆变状态、直流电机发电运行状态

如图 3-1(b) 所示，直流电机 M 作为发电机处于制动状态时，其产生的电动势 E 的极性为下正上负。当 $|U_d| < |E|$ 时，晶闸管在 E 的作用下，在电源的负半波导通，变流器输出电压为下正上负，由于晶闸管的单向导电性，仍有如图 3-1(b) 所示方向的电流 I_d。此时，直流电机供出能量，变流器将直流电机供出的直流能量的一部分变换为与电网同频率的交流能量送回电网，电阻 R 消耗一部分能量，直流电机运行在发电制动状态。

$$I_d = \frac{E - U_d}{R}$$

3. 晶闸管装置整流状态、直流电机发电运行状态

如图 3-1(c) 所示，当变流器输出电压 U_d 为上正下负，而直流电机输出的电动势 E 为下正上负，两电源反极性相连。电流 I_d 仍如图 3-1(c) 所示，回路电流由两电势之和与回路的总电阻决定，这时两个电源都输出功率，消耗在回路电阻上。如回路电阻很小，将有很大电流，相当于短路，这在实际工作中是不允许的。

$$I_d = \frac{U_d + E}{R}$$

二、有源逆变的工作原理

如图 3-2(a) 所示，两组单相桥式变流装置，均可通过开关 Q 与直流电机负载相连。

1. 变流器工作于整流状态

如图 3-2(a) 所示，当开关 Q 掷向位置 1，且 Ⅰ 组晶闸管的控制角 $\alpha_I < 90°$，电动机 M 由静止开始运行。第 Ⅰ 组晶闸管工作在整流状态，输出 U_{dI} 上正下负，供出能量，波形如图 3-2(b) 所示。直流电动机工作在电动状态，吸收能量，电动机的反电动势 E 上正下负。通过调节 α_I 使 $|U_{dI}| > |E|$，负载中电流 I_d 值为

$$I_d = \frac{U_{dI} - E}{R}$$

2. 变流器工作在逆变状态

将开关 Q 迅速从位置 1 掷向位置 2，直流电动机的转速短时间保持不变，因而 E 也不变，极性仍为上正下负。若仍按 $\alpha_{II} < 90°$ 触发Ⅱ晶闸管，则输出电压 U_{dII} 上正下负，与 E 形成两个电源顺极性串联。这种情况与图 3-1(c) 所示相同，相当于短路事故，不允许出现。因此触发脉冲控制角要调整为 $\alpha_{II} > 90°$，则Ⅱ晶闸管输出电压 U_{dII} 上负下正，波形如图 3-2(c) 所示。假设由于惯性原因电动机转速不变，反电动势不变，并且调整 α_{II} 角使 $|U_{dII}| < |E|$，负载中电流 I_d 值为

$$I_d = \frac{E - U_{dII}}{R}$$

电动机输出能量，运行于发电制动状态，Ⅱ晶闸管吸收能量并送回交流电网，这种情况就是有源逆变。

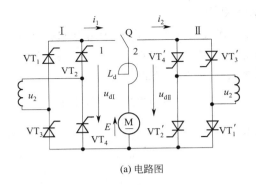

(a) 电路图

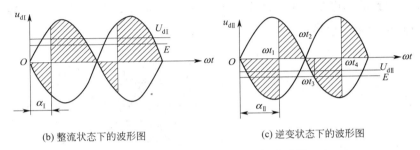

(b) 整流状态下的波形图　　　　(c) 逆变状态下的波形图

图 3-2　有源逆变原理电路与波形图

由以上分析及输出电压波形可以看出，逆变时的输出电压波形与整流时相同，计算公式仍为

$$U_d = 0.9U_2\cos\alpha$$

此时，控制角 $\alpha > 90°$，使得计算出来的结果小于零，为了方便计算，我们令 $\beta = \pi - \alpha$，称 β 为逆变角，则

$$U_d = 0.9U_2\cos\alpha = 0.9U_2\cos(\pi - \beta) = -0.9U_2\cos\beta$$

三、有源逆变的条件

综上所述，实现有源逆变必须满足下列条件。

(1) 变流装置的直流侧必须外接电压极性与晶闸管导通方向一致的直流电源，且其值要大于变流装置直流侧的平均电压。

(2) 变流装置必须工作在 $\beta < 90°$（即 $\alpha > 90°$）区间，使输出直流电压极性与整流状态时相反，才能将直流功率逆变为交流功率送至交流电网。

上述两条必须同时具备才能实现有源逆变。为了保持逆变电流连续，逆变电路中要串接大电感。

要注意，半控桥或有续流二极管的电路，因它们不可能输出负电压，所以这些电路不能实现有源逆变。

课题二　三相有源逆变电路

常用的有源逆变电路，除了单相全控桥式电路外，还有三相半波和三相全控桥式电路。

一、三相半波有源逆变电路

图 3-3 所示为三相半波有源逆变电路。电路中电动机产生的 E 为上负下正，令控制角 $\alpha > 90°$，以使 U_d 为上负下正，且满足 $|U_d| < |E|$，则电路符合有源逆变的条件，可实现有源逆变。逆变器输出直流电压 U_d 的计算公式为

$$U_d = -1.17U_2 \cos\beta \quad (\alpha > 90°) \tag{3-1}$$

输出直流电流平均值为

$$I_d = \frac{E - U_d}{R_\Sigma} \tag{3-2}$$

式中 R_Σ 为回路的总电阻。电流从 E 的正极流出，流入 U_d 的正极，即 E 输出电能，经过晶闸管装置将电能送给电网。

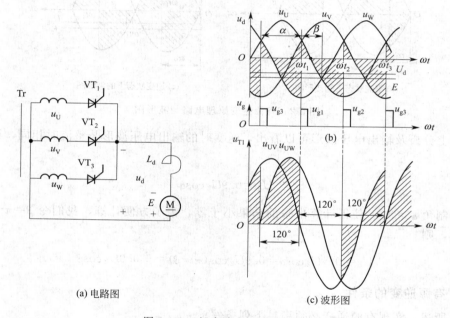

(a) 电路图　　　　　　　　　　　　　　　(c) 波形图

图 3-3　三相半波有源逆变电路

下面以 $\beta = 60°$ 为例对其工作过程作一分析。在 $\beta = 60°$ 时，即 ωt_1 时刻触发脉冲 u_{g1} 触发晶闸管 VT_1 导通。即使 u_U 相电压为零或负值，但由于电动势 E 的作用，VT_1 仍可能承受正向电压而导通。则电动势 E 提供能量，有电流 I_d 流过 VT_1，输出电压波形 $u_d = u_U$。接着与整流一样，按电源相序每隔 $120°$ 依次轮流触发相应的晶闸管使之导通，同时关断前面导通的晶闸管，实现依次换相，每个晶闸管导通 $120°$。输出电压 u_d 波形如图 3-3(b) 所示，其直流平均电压 U_d 为负值，数值小于电动势 E。

图 3-3(c) 中画出了晶闸管 VT_1 两端电压 u_{T1} 的波形。在一个电源周期里，VT_1 导通 $120°$，导通期间其两端电压为零，随后的 $120°$ 内是 VT_2 导通，VT_1 关断，VT_1 承受线电压 u_{UV}，再后的 $120°$ 内是 VT_3 导通，VT_1 承受线电压 u_{UW}。由 u_{T1} 波形可知，逆变时晶闸管的端电压波形的正面积总是大于负面积，而整流时则相反，正面积总是小于负面积。只有 $\alpha = \beta$ 时，正负面积才相等。

　　下面以 VT_1 换相到 VT_2 为例，简单说明一下图中晶闸管换相的过程。在 VT_1 导通时，到 ωt_2 时刻触发 VT_2，则 VT_2 导通，同时使 VT_1 承受 U、V 两相间的线电压 u_{UV}。由于 $u_{UV} < 0$，VT_1 承受反向电压而被迫关断，完成了 VT_1 向 VT_2 的换相过程。其他管的换相可依此类推。

二、三相全控桥式有源逆变电路

　　图 3-4 所示为三相全控桥式电路，带电动机负载，当 $\alpha < 90°$ 时，电路工作在整流状态，当 $\alpha > 90°$ 时，电路工作在有源逆变状态。两种状态除了 α 角的范围不同外，晶闸管的控制过程是一样的，即都要求每隔 $60°$ 依次轮流触发晶闸管使其导通 $120°$，触发脉冲都必须是双宽脉冲或双窄脉冲。逆变时输出直流电压 U_d，公式为

$$U_d = -2.34 U_2 \cos\beta \qquad (\alpha > 90°) \qquad (3\text{-}3)$$

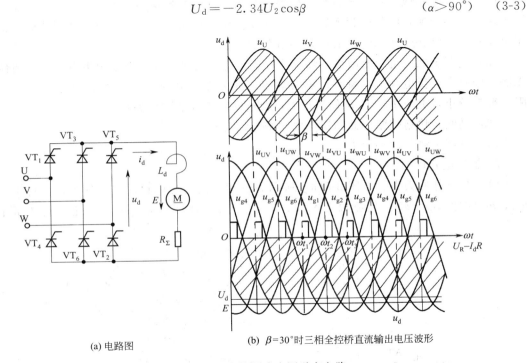

(a) 电路图　　　　　　(b) $\beta = 30°$ 时三相全控桥直流输出电压波形

图 3-4　三相全控桥式有源逆变电路

　　图 3-4(b) 所示为 $\beta = 30°$ 时三相全控桥直流输出电压 u_d 的波形。其工作过程为在 ωt_1 时刻加上双窄脉冲触发 VT_1 和 VT_6，此时电压 u_U 为负半周，给 VT_1 和 VT_6 以反向电压。但 $|E| > |u_{UV}|$，E 对 VT_1 和 VT_6 为正向电压，加在 VT_1 和 VT_6 上的总电压为正（$|E| - |u_{UV}|$），使 VT_1 和 VT_6 导通，有电流流过回路，变流器输出的电压 $u_d = u_{UV}$。经过 $60°$ 后，在 ωt_2 处加上双窄脉冲触发 VT_2 和 VT_1，由于之前 VT_6 是导通的，因此使加在 VT_2 上的电压 u_{VW} 为正向电压，当 VT_2 在 ωt_2 处被触发就立刻导通，而 VT_2 导通后使 VT_6 承受的电压 u_{WV} 为反压而关断，完成了从 VT_6 到 VT_2 的换相。在第二次触发后与第三次触发前（$\omega t_2 \sim \omega t_3$），变流器输出电压 $u_d = u_{UW}$。又经 $60°$ 后，在 ωt_3 处加双窄脉冲触发 VT_2 和 VT_3，使 VT_2 继续导通，而 VT_3 导通后使 VT_1 因承受反向电压 u_{UV} 而关断，从而 VT_1 到 VT_3 换相。按照 $VT_1 \sim VT_6$ 换相顺序不断循环，晶闸管 $VT_1 \sim VT_6$ 轮流依次导通，整个周期保证有两个元件导通。

课题三　逆变失败及最小逆变角的确定

一、逆变失败的原因

变流器工作在有源逆变状态时，若出现输出电压平均值 U_d 与直流电源 E 顺极性串联，必然形成很大的短路电流流过晶闸管和负载，造成事故。这种现象称为逆变失败，或称为逆变颠覆。

造成逆变失败的原因通常有电源、晶闸管和触发电路三方面的原因。

1. 交流电源方面的原因

（1）电源缺相或一相熔丝熔断。如果运行当中发生电源缺相，则与该相连接的晶闸管无法导通，使参与换相的晶闸管无法换相而继续工作到相应电压的正半波，从而造成逆变器输出电压 U_d 与电机电动势 E 正向连接而短路，使换相失败。

（2）电源突然断电。此时变压器二次侧输出电压为零，而一般情况下电动机因惯性作用无法立即停车，反电动势在瞬间也不会为零，在 E 的作用下晶闸管继续导通。由于回路电阻一般都较小，电流 $I_d = E/R$ 仍然很大，会造成事故导致逆变失败。

（3）晶闸管快熔烧断，此情况与电源缺相情况相似。

（4）电压不稳，波动很大。

2. 触发电路的原因

（1）触发脉冲丢失。如图 3-5（a）所示为三相半波逆变电路，在正常工作条件下，u_{g1}、u_{g2}、u_{g3} 脉冲间隔 $120°$，轮流触发 VT_1、VT_2、VT_3 晶闸管。ωt_1 时刻 u_{g1} 触发 VT_1 晶闸管，

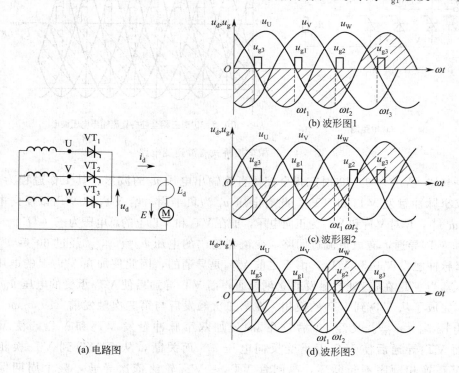

(a) 电路图　(b) 波形图1　(c) 波形图2　(d) 波形图3

图 3-5　三相半波逆变电路

在此之前 VT_3 已导通，由于此时，u_U 虽为零值，但 u_W 为负值，因而 VT_1 承受正向电压 u_{UW} 而导通，VT_3 关断。到达 ωt_2 时刻时，在正常情况下应有 u_{g2} 触发信号触发 VT_2 导通，VT_1 关断。在图 3-5(b) 中，假设由于某原因 u_{g2} 丢失，虽然 VT_2 承受正向电压 u_{VU}，但因无触发信号不能导通，因而 VT_1 无法关断，继续导通到正半周结束。到 ωt_3 时刻 u_{g3} 触发 VT_3，由于 VT_1 此时仍导通，VT_3 承受反向电压 u_{UW}，不能满足导通条件，因而 VT_3 不能导通，VT_1 仍继续导通，输出电压 U_d 变成上正下负，和 E 反极性相连，造成短路事故，逆变失败。

（2）触发脉冲分布不均匀（不同步）。在图 3-5(c) 中，本应在 ωt_1 时刻触发 VT_2 管，关断 VT_1 管，进行正常换相。但是由于触发脉冲延迟至 ωt_2 时刻才出现（例如，触发电路三相输出脉冲不同步，u_{g1} 和 u_{g2} 间隔大于 $120°$，使 u_{g2} 出现滞后），此时 VT_2 承受反向电压，因而不满足导通条件，VT_2 不导通，VT_1 继续导通，直到导通至正半波，形成短路，造成逆变失败。

（3）逆变角 β 太小。如果触发电路没有保护措施，在移相控制时，β 太小也可能造成逆变失败。由于整流变压器存在漏抗，换相时电流不能突变，换相电流——关断晶闸管的电流从 0 到 I_d 和导通晶闸管的电流从 I_d 到 0 都不能在瞬间完成，因此存在换相时出现两晶闸管同时导通的现象。同时导通的时间对应一个角度，用换相重叠角 γ 表示。在正常情况下，ωt_1 时刻触发 VT_2 管，关断 VT_1 管，进行正常换相。当 $\beta<\gamma$ 时，如图 3-6 所示，由于 β 太小，在过 ωt_2 时刻（对应 $\beta=0°$）时，换相尚未结束，即 VT_1 没关断。过 ωt_2 时刻 U 相电压 u_U 大于 V 相电压 u_V，VT_1 管承受正向电压而继续导通。VT_2 管导通

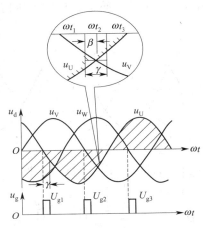

图 3-6　有源逆变换流失败波形

短时间后又受反向电压而关断，和触发脉冲 u_{g2} 丢失的情况一样，造成逆变失败。

3. 晶闸管本身的原因

无论是整流还是逆变，晶闸管都是按一定规律关断、导通，电路处于正常工作状态。倘若晶闸管本身没有按预定的规律工作，就可能造成逆变失败。例如，应该导通的晶闸管导通不了（这和前面讲到的脉冲丢失效果一样），会造成逆变失败。在应该关断的状态下误导通了，也会造成逆变失败。如图 3-5(d) 所示，VT_2 本应在 ωt_2 时刻导通，但由于某种原因在 ωt_1 时刻 VT_3 导通了。一旦 VT_3 导通，使 VT_1 承受反向电压 u_{WU} 而关断。在 ωt_2 时刻触发 VT_2，由于此时 VT_2 承受反向电压 u_{WU}，所以 VT_2 不会导通，而 VT_3 继续导通，造成逆变失败。除了晶闸管本身不导通或误导通之外，晶闸管连线的松脱、保护器件的误动作等原因也可能引起逆变失败。

二、最小逆变角的确定及限制

1. 最小逆变角的确定

为保证逆变能正常工作，使晶闸管的换相能在电压负半波换相区之内完成换相，触发脉冲必须超前一定的角度，也就是说，对逆变角 β 必须要有严格的限制。

（1）换相重叠角 γ。由于整流变压器存在漏抗，使晶闸管在换相时存在换相重叠角 γ。如图 3-6 所示，在此期间，要换相的两只晶闸管都导通，如果 $\beta<\gamma$，则在 ωt_2 时刻（即 $\beta=0°$ 处），换相尚未结束，一直延至 ωt_3 时刻，此时 $u_U>u_V$，VT_2 关不断，VT_1 不能导通，就会造成逆变失败。γ 值虽因电路形式、工作电流大小的不同而不同，一般取 $15°\sim25°$ 电角度。

（2）晶闸管关断时间 t_g 所对应的电角度 δ_0。晶闸管从导通到完全关断需要一定的时间，这个时间 t_g 一般由管子的参数决定，通常为 $200\sim300\mu s$，折合到电角度 δ_0 约为 $4°\sim5.4°$。

（3）安全裕量角 θ_α。由于触发电路各元件的工作状态会发生变化（如温度等的影响），使触发脉冲的间隔出现不均匀即不对称现象，再加上电源电压的波动，波形畸变等因素，因此必须留有一定的安全裕量角 θ_α，一般 θ_α 取为 $10°$ 左右。

综合以上因素，最小逆变角 $\beta_{min}=\gamma+\delta_0+\theta_\alpha=30°\sim35°$

最小逆变角 β_{min} 所对应的时间即为电路提供给晶闸管保证可靠关断的时间。

2. 限制最小逆变角常用的方法

（1）设置逆变角保护电路。当 β 小于最小逆变角 β_{min} 或 β 大于 $90°$ 时，主电路电流急剧增大，由电流互感器转换成电压信号，反馈到触发电路，使触发电路的控制电压 U_c 发生变化，脉冲移至正常的工作范围。

（2）设置固定脉冲。在设计要求较高的逆变电路时，为了保证 $\beta=\beta_{min}$，常在触发电路中附加一组固定的脉冲，这组固定脉冲出现在 $\beta=\beta_{min}$ 时刻，不能移动，如图 3-7 中的 u_{gd1}。当换相脉冲 u_{g1} 在固定脉冲 u_{gd1} 之前时，由于 u_{g1} 触发 VT_1 导通，则固定脉冲 u_{gd1} 对电路工作不产生影响。如果换相脉冲 u_{g1} 因某种原因移到 u_{gd1} 后（如图 3-7 中的 ωt_3 时刻），则 u_{gd1} 触发 VT_1 导通，使 VT_3 关断，保证电路在 β_{min} 之前完成换相，避免逆变失败。

（3）设置控制电压 U_c 限幅电路。由于触发脉冲的移相大多采用垂直移相控制，控制电压 U_c 的变化决定了 β 角的变化，因此只要给控制端加上限幅电路，也就限制了 β 角的变化范围，避免了由于 U_c 的变化引起 β 角超范围变化而引起的逆变失败。

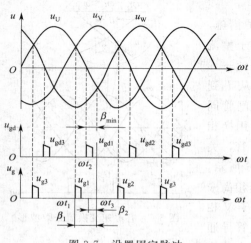

图 3-7　设置固定脉冲

课题四　应用电路

一、绕线转子异步电动机的串级调速

串级调速是通过绕线式异步电动机的转子回路引入附加电动势而产生的。它属于变转差率来实现串级调速的。与转子串电阻的方式不同，串级调速可以将异步电动机的功率加以应用（回馈电网），因此效率高。它能实现无级平滑调速，低速时机械特性也比较硬。特别是晶闸管低同步串级调速系统，技术难度小，性能较完善，因而获得广泛应用。

晶闸管串级调速系统是在绕线转子异步电动机转子侧用大功率二极管，将转子的转差频率交流电变成直流电，再用晶闸管逆变器将转子电流返回电源以改变电动机转速的一种调速方法。

晶闸管串级调速系统主电路原理图如图 3-8 所示，逆变电压 $U_{d\beta}$ 为引入转子电路的反电动势，改变逆变角 β 即可改变反电动势大小，以达到改变转速目的 U_d 是转子整流后的直流电压，其值为

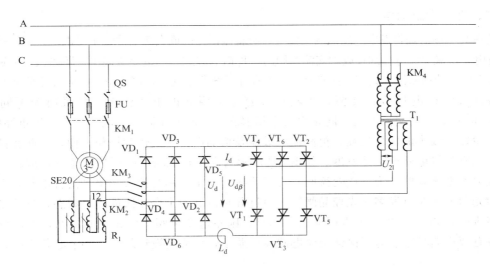

图 3-8 晶闸管串级调速系统主电路原理图

$$U_d = 1.35 s E_{20}$$

式中，E_{20} 为转子开路线电动势（$n=0$），s 为电动机转差率。

当电动机转速稳定，忽略直流回路电阻时，则整流电压 U_d 与逆变电压 $U_{d\beta}$ 大小相等、方向相反。当逆变变压器 T_1 二次线电压为 U_{21} 时，则

$$U_{d\beta} = 1.35 U_{21} \cos\beta = 1.35 s E_{20}$$

$$s = \frac{U_{21}}{E_{20}} \cos\beta$$

上式说明，改变逆变角 β 大小，即可改变电动机的转差率，实现调速。

其调速过程大致如下。

启动：接通 KM_1、KM_2 接触器，利用频敏变阻器启动电动机。对于水泵、风机等负载用频敏变阻器启动；对于矿井提升、传输带、交流轧钢等可直接启动。当电动机启动后，断开 KM_2 接通 KM_3、KM_4，装置转入串速调节。

调速：当电动机稳定运行在某转速时，此时 $U_d = U_{d\beta}$、如 β 角增大则 $U_{d\beta}$ 减小，使转子电流瞬时增大，致使电动机转矩增大、转速提高，使转差率 s 减小，当 U_d 减小到与 $U_{d\beta}$ 相等时，电动机稳定运行在较高的转速上；反之减小 β 则电动机转速下降。

停车：先断开 KM_1，延时断开 KM_3、KM_4，电动机停车。

通常电动机转速越低返回电网能量越大，节能越显著，但调速范围过大将使装置的功率因数变差，逆变变压器和变流装置的容量增大，一次投资增大，故串级调速比应在 2∶1 以下。

逆变变压器均采用 Y/D 或 D/Y 联结，大容量装置采用逆变桥串、并联十二脉冲控制，有利于改善电流波形，减小变流装置对电网影响。其二次线电压 U_{21} 的大小要和异步电动机转子电压值互相配合，当两组桥路连接形式相同时，最大转子整流电压与最大逆变电压相同，即

$$U_{dmax} = 1.35 s_{max} E_{20} = U_{d\beta max} = 1.35 U_{21} \cos\beta_{min}$$

式中，s_{max} 为调速要求最低转速时的转差率，即最大转差率；β_{min} 为电路最小逆变角，为防止逆变失败通常取 $30°$。

二、直流高压输电

直流高压输电是将发电厂发出的交流电,经整流器变换成直流电输送至受电端,再用逆变器将直流电变换成交流电送到接收端交流电网的一种输电方式。它主要应用于远距离大功率输电和非同步交流系统的联网,具有线路投资少、不存在系统稳定问题、调节快速、运行可靠等优点。

高压直流输电在跨越江河、海峡和大容量远距离的电缆输电、联系两个不同频率(50Hz和60Hz)的交流电网、同频率两个相邻交流电网的非同步并联等方面发挥重要作用,它能减少输电线中的能量损耗、提高输电效益及增加电网稳定性和操作方便。因此在世界范围内高压直流输电获得迅速发展。如图 3-9 所示为高压直流输电的原理示意图,u_1、u_2 为两个交流电网系统,两端为高压变流阀,为了绝缘与安全采用光控大功率晶闸管串并联组成桥路,用光脉冲同时触发多只光控晶闸管。通过分别控制两个变流阀的工作状态,就可以控制电功率流向,如 u_1 电网向 u_2 电网输送功率时,则左边变流阀工作在整流状态,右边变流阀工作在有源逆变状态。为了保证交流电网波形质量,变流阀设计与滤波环节必须重视。

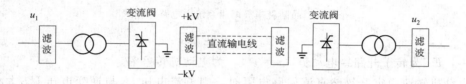

图 3-9　高压直流输电的原理示意图

实践技能训练

实训　三相全控桥式有源逆变电路的调试

一、实训目标

(1) 研究三相全控桥式有源逆变电路由整流转换到逆变的全过程,验证有源逆变条件。
(2) 观察逆变失败现象,总结防止逆变失败的措施。

二、实训设备及仪器

① DJK01 电源控制屏。
② DJK03-1 晶闸管触发电路。
③ DJK02 晶闸管主电路。
④ DJK10 变压器实验。
⑤ D42 三相可调电阻。
⑥ 双踪示波器。
⑦ 万用表。

三、实训内容

(1) 触发电路的调试。
(2) 三相全控桥式有源逆变电路的调试。
(3) 在整流或有源逆变状态下,当触发电路出现故障(人为模拟)时观测主电路的各电压波形。

四、实训线路及原理

实验线路如图 3-10 所示。触发电路为 DJK02-1 中的集成触发电路，由 KC04、KC41、KC42 等集成芯片组成，可输出经高频调制后的双窄脉冲链。在三相全控桥式有源逆变电路中，R 均使用模块 D42 三相可调电阻，将两个 900Ω 接成并联形式；电感 L_d 在 DJK02 面板上选用 700mH 电感器，直流电压、电流表由 DJK02 获得。而三相不控整流及心式变压器均在 DJK10 挂件上，其中心式变压器用作升压变压器，逆变输出的电压接心式变压器的中压端 Am、Bm、Cm，返回电网的电压从高压端 A、B、C 输出，变压器接成 Y/Y 接法。

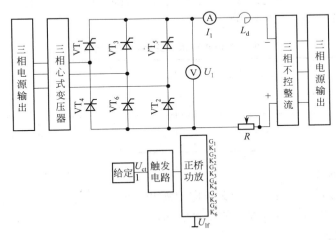

图 3-10　三相全控桥式有源逆变电路接线图

五、实训方法

1. 触发电路的调试

（1）打开 DJK01 总电源开关，操作"电源控制屏"上的"三相电网电压指示"开关，观察输入的三相电网电压是否平衡。

（2）将 DJK01"电源控制屏"上"调速电源选择开关"拨至"直流调速"侧。

（3）用 10 芯的扁平电缆，将 DJK02 的"三相同步信号输出"端和 DJK02-1"三相同步信号输入"端相连，打开 DJK02-1 电源开关，拨动"触发脉冲指示"钮子开关，使"窄"的发光管亮。

（4）观察 A、B、C 三相的锯齿波，并调节 A、B、C 三相锯齿波斜率调节电位器（在各观测孔左侧），使三相锯齿波斜率尽可能一致。

（5）将 DJK06 上的"给定"输出 U_g 直接与 DJK02-1 上的移相控制电压 U_{ct} 相接，将给定开关 S_2 拨到接地位置（即 $U_{ct}=0$），调节 DJK02-1 上的偏移电压电位器，用双踪示波器观察 A 相同步电压信号和"双脉冲观察孔"VT_1 的输出波形，使 $\alpha=150°$（注意此处的 α 表示三相晶闸管电路中的移相角，它的 0°是从自然换流点开始计算，前面实验中的单相晶闸管电路的 0°移相角表示从同步信号过零点开始计算，两者存在相位差，前者比后者滞后 30°）。

（6）适当增加给定 U_g 的正电压输出，观测 DJK02-1 上"脉冲观察孔"的波形，此时应观测到单窄脉冲和双窄脉冲。

（7）用 8 芯的扁平电缆，将 DJK02-1 面板上"触发脉冲输出"和"触发脉冲输入"相连，使得触发脉冲加到正反桥功放的输入端。

（8）将 DJK02-1 面板上的 U_{lf} 端接地，用 20 芯的扁平电缆，将 DJK02-1 的"正桥触发脉冲输出"端和 DJK02"正桥触发脉冲输入"端相连，并将 DJK02"正桥触发脉冲"的六个开关拨至"通"，观察正桥 $VT_1 \sim VT_6$ 晶闸管门极和阴极之间的触发脉冲是否正常。

2. 三相全控桥式有源逆变电路的调试

按图 3-10 接线，将 DJK06 上的"给定"输出调到零（逆时针旋到底），将电阻器放在最大阻值处，按下"启动"按钮，调节给定电位器，增加移相电压，使 β 角在 $30° \sim 90°$ 范围内调节，同时，根据需要不断调整负载电阻 R，使得电流 I_d 保持在 $0.6A$ 左右（注意 I_d 不得超过 $0.65A$）。用示波器观察并记录 $\beta = 30°$、$60°$、$90°$ 时的电压 U_d 和晶闸管两端电压 U_{VT} 的波形，并记录相应的 U_d 数值于下表中。

三相全控桥式有源逆变电路调试记录表

β	30°	60°	90°
U_2			
U_d（记录值）			
U_d/U_2			
U_d（计算值）			

3. 故障现象的模拟

当 $\beta = 60°$ 时，将触发脉冲钮子开关拨向"断开"位置，模拟晶闸管失去触发脉冲时的故障，观察并记录这时的 u_d、u_{VT} 波形的变化情况。

六、实训报告要求

（1）根据实训测试结果填写上述的表格。

（2）简单分析模拟的故障现象。

思考题与习题

1. 什么叫有源逆变？什么叫无源逆变？

2. 实现有源逆变的条件是什么？为什么半控桥和负载侧有续流管的电路不能实现有源逆变？

3. 什么叫逆变失败？导致逆变失败的原因是什么？有源逆变最小逆变角受哪些因素限制？最小逆变角一般取为多少？

4. 设单相全控桥式有源逆变电路的逆变角为 $\beta = 60°$，试画出输出电压 u_d 的波形图。

5. 如图 3-11 所示，图（a）工作在整流-电动机状态，图（b）工作在逆变-发电机状态。

（1）在图中标出 U_d、E 和 i_d 的方向。

（2）说明 E 和 U_d 的大小关系。

（3）当 α 与 β 的最小均为 $30°$ 时，α 和 β 的范围是多大？

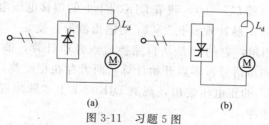

(a)   (b)

图 3-11 习题 5 图

6. 试画出三相半波共阴极接法的有源逆变电路中，$\beta = 60°$ 时输出电压 u_d 的波形图。

项目四　全控型电力电子器件

【学习目标】
- 认识 GTO，GTR，电力 MOSFET 和 IGBT 等全控型电力电子器件，了解相关应用领域。
- 掌握各种全控型电力电子器件的概念以及结构特点。
- 掌握各种全控型电力电子器件的工作原理。
- 掌握电力电子器件的型号命名方法及其主要参数。
- 掌握各种全控型电力电子器件静态特性和动态特性和使用中应注意的一些问题。
- 掌握各类全控型电力电子器件驱动电路的特点。

20 世纪 80 年代以来，信息电子技术与电力电子技术在各自发展的基础上相结合，产生高频化、全控型、采用集成电路制造工艺的电力电子器件，从而将电力电子技术又带入了一个崭新时代。继晶闸管之后出现了可关断晶闸管（GTO）、电力晶体管（GTR）、电力场效应晶体管（MOSFET）和绝缘栅双极晶体管（IGBT）等电力电子器件。这些器件通过对控制极的控制，既可使其导通，又能使其关断，属于全控型电力电子器件。因为这些器件具有自关断能力，所以通常称为自关断器件。与晶闸管电路相比，采用自关断器件的电路结构简单，控制灵活方便。自关断器件的出现和应用，给电力电子技术的发展注入了强大的活力，极大地促进了各种新型电力电子电路及控制方式的发展。

本章首先分别介绍 GTO、GTR、电力 MOSFET 和 IGBT 的结构和工作原理、特性以及使用参数，接着介绍各类器件的驱动电路。

通过本章的学习，学生将掌握各种电力电子器件的特性和使用方法，全控型电力电子器件的概念、特点和特性，各种常用全控型电力电子器件的工作原理、基本特性、主要参数及选择和使用中应注意的一些问题。

电力电子器件是电力电子变流技术的基础，而自关断器件在电力电子器件中日益占据主导地位。熟悉并掌握器件的特性是设计和分析电力电子电路的关键之一。因此，学习本章内容对于掌握电力电子变流技术有着十分重要的意义。

课题一　可关断晶闸管（GTO）

可关断晶闸管 GTO（Gate Turn-Off Thyristor）亦称门控晶闸管。在晶闸管问世后不久，是晶闸管的一种派生器件，其主要特点为，当门极加负向触发信号时晶闸管能自行关断。GTO 的电压、电流容量较大，与普通晶闸管接近。GTO 主要用于高电压、大功率的直流变换电路（即斩波电路）、逆变器电路中，例如恒压恒频电源（CVCF）、常用的不停电电源（UPS）等。另一类 GTO 的典型应用是调频调压电源，即 VVVF，此电源较多用于风机，水泵、轧机、牵引等交流变频调速系统中。此外，由于 GTO 的耐压高、电流大、开关速度快、控制电路简单方便，因此还特别适用于汽油机点火系统。

普通晶闸管（SCR）靠门极正信号触发之后，撤掉信号亦能维持通态。欲使之关断，必须切断电源，使正向电流低于维持电流 I_H，或施以反向电压强迫关断。这就需要增加换向电路，不仅使设备的体积重量增大，而且会降低效率，产生波形失真和噪声。可关断晶闸管克服了上述缺陷，它既保留了普通晶闸管耐压高、电流大等优点，又具有自关断能力，使用方便，是理想的高压、大电流开关器件。GTO 的容量及使用寿命均超过巨型晶体管（GTR），只是工作频率比 GTR 低。目前，GTO 已达到 3000A、4500V 的容量。

一、GTO 的结构与工作原理

1. 结构

可关断晶闸管也属于 PNPN 四层三端器件，其结构及等效电路和普通晶闸管相同，其内部结构、图形符号以及外观如图 4-1 所示。图 4-1 中 A、G 和 K 分别表示 GTO 的阳极、门极和阴极。

与普通晶闸管的不同点：大功率 GTO 大都制成模块形式，是一种多元的功率集成器件，内部包含数十个甚至数百个共阳极的小 GTO 元，这些 GTO 元的阴极和门极则在器件内部分别并联在一起，这是为便于实现门极控制关断所采取的特殊设计。

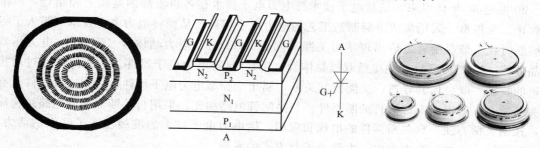

图 4-1　GTO 的内部结构、电气图形符号和外观图

2. 工作原理

与普通晶闸管一样，可以用图 4-2 所示的双晶体管模型来分析。α_1 为 $P_1 N_1 P_2$ 晶体管的共基极电流放大系数，a_2 为 $N_2 P_2 N_1$ 晶体管的共基极电流放大系数，图 4-2 中的箭头表示各自的多数载流子运动方向。通常 a_1 比 a_2 小，即 $P_1 N_1 P_2$ 晶体管不灵敏，而 $N_2 P_2 N_1$ 晶体管灵敏。GTO 导通时器件总的放大系数 $a_1 + a_2$ 稍大于 1，器件处于临界饱和状态，为用门极负信号去关断阳极电流提供了可能性。

GTO 的开通和关断过程与每一个 GTO 元密切相关，但 GTO 元的特性又不等同于整个GTO 器件的特性，多元集成使 GTO 的开关过程产生了一系列新的问题。

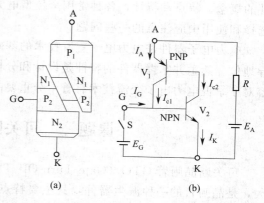

图 4-2　晶闸管的双晶体管模型及其工作原理

（1）开通原理　由图 4-2 所示的等效电路可以看出，当阳极加正向电压，门极同时加正触发信号时，GTO 导通，其具体过程是一个正反馈过程。当流入的门极电流 I_G 足以使晶体管 $N_2 P_2 N_1$ 的发射极电流增加，进而使晶体管 $P_1 N_1 P_2$ 的发射极电流也增加时，a_1 和 a_2 增加。当 $a_1 + a_2 > 1$ 之后，两个晶体管均饱和导通，

GTO 则完成了导通过程。

可见，GTO 开通的必要条件是：

$$a_1 + a_2 > 1 \tag{4-1}$$

此时注入门极的电流：

$$I_G = [1 - (a_1 + a_2)]I_A/a_2 \tag{4-2}$$

式中　I_A——GTO 的阳极电流；

　　　I_G——GTO 的门极电流。

由式(4-2)可知，当 GTO 门极注入正的电流 I_G 但尚不满足开通条件时，虽有正反馈作用，但器件仍不会饱和导通。这是因为门极电流不够大，不满足 $a_1 + a_2 > 1$ 的条件，这时阳极电流只流过一个不大而且是确定的电流值。当门极电流 I_G 撤销后，该阳极电流也就消失。当 $a_1 + a_2 = 1$ 时，状态所对应的阳极电流为临界导通电流，定义为 GTO 的擎住电流。当 GTO 在门极正触发信号的作用下开通时，只有阳极电流大于擎住电流后，GTO 才能维持大面积导通。

由此可见，只要能引起 a_1 和 a_2 变化，并使之满足 $a_1 + a_2 > 1$ 条件的任何因素，都可以导致 PNPN 四层器件的导通。所以，除了注入门极电流使 GTO 导通外，在一定条件下过高的阳极电压和阳极电压上升率 du/dt，过高的结温及火花发光照射等均可能使 GTO 触发导通。所有这些非门极触发都是不希望的非正常触发，应采取适当措施加以防止。

实际上，因为 GTO 是多元集成结构，数百个以上的 GTO 元制作在同一硅片上，而 GTO 元的特性总会存在差异，使得 GTO 元的电流分布不均，通态压降不一，甚至会在开通过程中造成个别 GTO 元的损坏，以致引起整个 GTO 的损坏。为此，要求在制造时尽可能使硅片微观结构均匀，严格控制工艺装备和工艺过程，以求最大限度地达到所有 GTO 元的特性的一致性。另外，要提高正向门极触发电流脉冲上升沿陡度，以求达到缩短 GTO 元阳极电流滞后时间，加速 GTO 元阴极导电面积的扩展，缩短 GTO 开通时间的目的。

(2) 关断原理　当 GTO 已处于导通状态时，将开关 S 闭合，对门极加负偏置的关断脉冲，形成 $-I_G$，相当于将 I_{C1} 的电流抽出，使晶体管 $N_1P_2N_2$ 的基极电流减小，使 I_{C2} 和 I_K 随之减小，I_{C2} 减小又使 I_A 和 I_{C1} 减小，这也是一个正反馈过程。当 I_{C2} 和 I_{C1} 的减小使 $\alpha_1 + \alpha_2 < 1$ 时，等效晶体管 $N_1P_2N_2$ 和 $P_1N_1P_2$ 退出饱和，GTO 不满足维持导通条件，阳极电流下降到零而关断。

GTO 的关断条件为：

$$a_1 + a_2 < 1 \tag{4-3}$$

关断时需要抽出的最大门极负电流：

$$|-I_{GM}| > [(a_1 + a_2) - 1]I_{ATO}/a_2 \tag{4-4}$$

式中　I_{ATO}——被关断的最大阳极电流；

　　　I_{GM}——抽出的最大门极电流。

由于 GTO 处于临界饱和状态，用抽走阳极电流的方法破坏临界饱和状态，能使器件关断。而晶闸管导通之后，处于深度饱和状态，用抽走阳极电流的方法不能使其关断。GTO 的门极和阴极是多元并联结构，因此也能从门极抽走更大的电流，从而使 GTO 关断。

二、GTO 的主要特性

1. 静态特性

GTO 的阳极伏安特性如图 4-3 所示。当外加电压超过正向转折电压 U_{DRM} 时，GTO 即正向开通，这种现象称作电压触发。此时不一定破坏器件的性能；但是若外加电压超过反向击穿电压U_{RRM}之后，则发生雪崩击穿现象，极易损坏器件。

用90%U_{DRM}值定义为正向额定电压，用90%U_{RRM}值定义为反向额定电压。

GTO的阳极耐压与结温和门极状态有着密切关系，随着结温升高，GTO的耐压降低，如图4-4所示。当GTO结温高于125℃时，由于a_1和a_2大大增加，自动满足了$a_1+a_2>1$的条件；所以不加触发信号GTO即可自行开通。为了减小温度对阻断电压的影响，可在其门极与阴极之间并联一个电阻，即相当于增设了一个短路发射极。

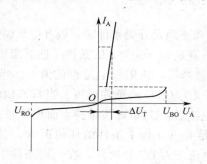

图 4-3 GTO 的阳极伏安特性

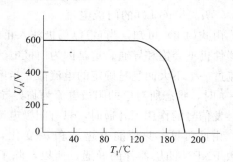

图 4-4 GTO 阳极耐压与结温的关系

2. 动态特性

GTO的动态特性是指GTO从断态到通态、从通态到断态的变化过程中，电压、电流以及功率损耗随时间变化的规律。GTO的开通和关断特性如图4-5所示。

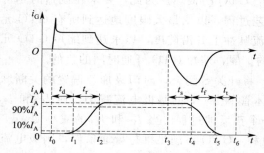

图 4-5 GTO 开通和关断过程的电流波形

（1）GTO 的开通特性 当阳极施以正电压，门极注入一定电流时，阳极电流大于擎住电流之后，GTO完全导通。开通时间t_{on}由延迟时间t_d和上升时间t_r组成，即：

$$t_{on}=t_d+t_r$$

t_{on}的大小取决于元件特性、门极电流上升率di_G/dt以及门极脉冲幅值的大小。

由图4-5可知，在延迟时间内功率损耗比较小，大部分的开通损耗出现在上升时间内。当阳极电压一定时，每个脉冲GTO开通损耗将随着峰值阳极电流I_A的增加而增加。

（2）GTO 的关断特性 GTO 的门极、阴极加适当负脉冲时，可关断导通着的 GTO 阳极电流。关断过程中门极电流和阳极电流随时间变化的曲线如图4-6所示。

由图4-6可以看出，整个关断过程可由三个不同的时间间隔来表示，即存储时间t_s、下降时间t_f和尾部时间t_t，即：

$$t_{off}=t_s+t_f+t_t$$

其中，存储时间t_s对应着从关断过程开始，到出现$a_1+a_2=1$状态为止的一段时间间隔，在这段时间内从门极抽出大量过剩载流子，GTO的导通区不断被压缩，但总的电流几乎不变。下降时间t_f对应着阳极电流迅速下降，门极电流不断上升和门极反电压开始建立的过程，在这段时间里，GTO中PN结开始退出饱和，继续从门极

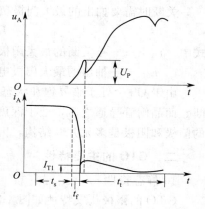

图 4-6 GTO 关断过程的电流波形

抽出载流子。尾部时间 t_t 则是指从阳极电流降到极小值开始，直到最终达到维持电流为止的电流时间。在这段时间内仍有残存的载流子被抽出，但是阳极电压已建立；因此很容易由于过高的重加 du/dt，使 GTO 关断失效，这一点必须充分重视。

三、GTO 的主要参数

GTO 的许多参数和普通晶闸管相应的参数意义相同，以下只介绍意义不同的参数。

（1）开通时间 t_{on}　延迟时间与上升时间之和。延迟时间一般约 $1\sim2\mu s$，上升时间则随通态阳极电流的增大而增大。

（2）关断时间 t_{off}　一般指储存时间和下降时间之和，不包括尾部时间。下降时间一般小于 $2\mu s$。不少 GTO 都制造成逆导型，类似于逆导晶闸管，需承受反压时，应和电力二极管串联。

（3）最大可关断阳极电流 I_{ATO}　GTO 的阳极电流既受热学上的限制，额定工作结温决定了 GTO 的平均电流额定值，同时又受电学上的限制，电流过大时，$\alpha_1+\alpha_2$ 稍大于 1 的条件可能被破坏，使器件饱和程度加深，导致门极关断失败。因此，通常用门极的最大阳极电流 I_{ATO} 作为 GTO 的额定电流。

在实际应用中，可关断阳极电流 I_{ATO} 受以下因素的影响：门极关断负电流波形、阳极电压上升率、工作频率及电路的变化等，在应用中应予特别注意。

（4）电流关断增益 β_{off}　最大可关断阳极电流与门极负脉冲电流最大值 I_{GM} 之比称为电流关断增益。

$$\beta_{off}=\frac{I_{ATO}}{I_{GM}} \tag{4-5}$$

β_{off} 表示 GTO 的关断增益，当门极负电流上升率一定，β_{off} 随可关断阳极电流的增加而增加；当可关断阳极电流一定时，β_{off} 随门极负电流上升率的增加而减小。采用适当的门极电路，很容易获得上升率较快、幅值足够的门极负电流。因此，在实际应用中不必追求过高的关断增益。

β_{off} 一般很小，只有 5 左右，这是 GTO 的一个主要缺点。也就是说，1000A 的 GTO 关断时，门极负脉冲电流峰值要 200A。

课题二　电力晶体管（GTR）

电力晶体管（GTO）是一种耐高压、能承受大电流的双极晶体管。它与晶闸管不同，具有线性放大特性，但在电力电子应用中却工作在开关状态，从而减小功耗。GTR 可通过基极控制其开通和关断，是典型的自关断器件。电力晶体管的电流是由电子和空穴两种载流子运动而形成的，故也称为电力双极型晶体管（BJT）。

在各种自关断器件中，电力晶体管的应用最为广泛。可被用于不停电电源、中频电源和交流电机调速等电力变流装置中。20 世纪 80 年代以来，在数百千瓦以下的中、小功率范围内取代晶闸管，但目前又大多被 IGBT 和电力 MOSFET 取代。

一、GTR 的结构与工作原理

1. 结构

电力晶体管有与一般双极型晶体管相似的结构、工作原理和特性。它们都是三层半导体，两个 PN 结的三端器件，有 PNP 和 NPN 这两种类型，但 GTR 多采用 NPN 型。GTR

的结构、电气符号和外观，如图 4-7 所示。

图 4-7　GTR 的内部结构、电气符号和外观形状

目前常用的 GTR 有单管、达林顿管和模块这三种类型。

（1）单管 GTR　NPN 三重扩散台面型结构是单管 GTR 的典型结构，这种结构可靠性高，能改善器件的二次击穿特性，易于提高耐压能力，并易于散出内部热量。

（2）达林顿 GTR　达林顿结构的 GTR 是由两个或多个晶体管复合而成，可以是 PNP型也可以是 NPN 型，其性质取决于驱动管，它与普通复合三极管相似。达林顿结构的 GTR电流放大倍数很大，可以达到几十至几千倍。虽然达林顿结构大大提高了电流放大倍数，但其饱和管压降却增加了，增大了导通损耗，同时降低了管子的工作速度。

（3）GTR 模块　目前作为大功率的开关应用还是 GTR 模块，它是将 GTR 管芯及为了改善性能的一个元件组装成一个单元，然后根据不同的用途将几个单元电路构成模块，集成在同一硅片上。这样，大大提高了器件的集成度、工作的可靠性和性能/价格比，同时也实现了小型轻量化。目前生产的 GTR 模块，可将多达 6 个相互绝缘的单元电路制作在同一个模块内，便于组成三相桥式电路。

2.工作原理

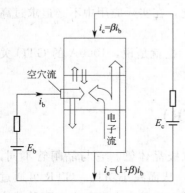

图 4-8　GTR 的基本原理图

图 4-7 分别给出了 NPN 型 GTR 的内部结构断面示意图和电气图形符号。其中，表示半导体类型字母的右上角标"＋"表示高掺杂浓度，"－"表示低掺杂浓度。

在应用中，GTR 一般采用共发射极接法，如图 4-8 所示。基区和发射区之间的 PN 结为发射结，基区和集电区之间的 PN 结为集电结。若外电路电源使 $U_{CB} > 0$，则集电结的 PN 结处于反偏状态；$U_{BE} > 0$，则发射结的 PN 结处于正偏状态。此时晶体管内部的电流分布如下。

（1）由于 $U_{CB} > 0$，集电结处于反偏状态，形成反向饱和电流 I_{CBO}，从 N 区流向 P 区。

（2）由于 $U_{BE} > 0$，发射结处于正偏状态，P 区的多数载流子——空穴不断地向 N 区扩散形成空穴电流 I_{PE}，N 区的多数载流子——电子不断地向 P 区扩散形成电子电流 I_{NE}，即形成了发射极电流 I_E。

集电极电流 i_c 与基极电流 i_b 的比值为：

$$\beta = \frac{i_c}{i_b}$$

式中，β 称为 GTR 的电流放大系数，它反映出基极电流对集电极电流的控制能力。单管 GTR 的电流放大系数很小，通常为 10 左右。

二、GTR 的主要特性

1. 静态特性

静态特性可分为输入特性和输出特性。输入特性与二极管的伏安特性相似，在此仅介绍其共射极电路的输出特性。

GTR 共射极电路的输出特性曲线，如图 4-9 所示。由图明显看出，静态特性分为三个区域，即人们所熟悉的截止区、放大区及饱和区。当集电结和发射结处于反偏状态，或集电结处于反偏状态，发射结处于零偏状态时，管子工作在截止区；当发射结处于正偏、集电结处于反偏状态时，管子工作在放大区；当发射和集电结都处于正偏状态时，管子工作在饱和区。GTR 在电力电子电路中，需要工作在开关状态，因此它是在饱和和截止区之间交替工作。

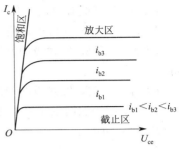

图 4-9　GTR 共射极
电路的输出特性

2. 动态特性

GTR 是用基极电流控制集电极电流的，器件开关过程的瞬态变化，就反映出其动态特性。GTR 的动态特性曲线，如图 4-10 所示。由于管子结电容和储存电荷的存在，开关过程不是瞬时完成的。

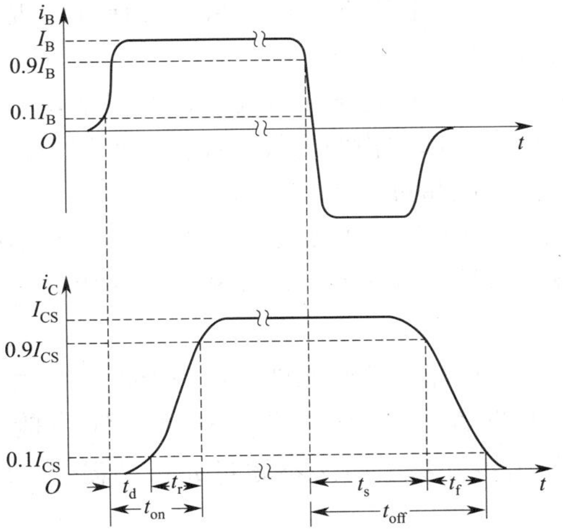

GTR 开通时需要经过延时时间 t_d 和上升时间 t_r，二者之和为开通时间 t_{on}，即：

$$t_{on} = t_d + t_r$$

式中，t_d 为因结电路充电引起的；t_r 为因基区电荷储存需要一定时间造成的。

关断时需要经过储存时间 t_s 和下降时间 t_f，二者之和为关断时间 t_{off}，即：

$$t_{off} = t_s + t_f$$

式中，t_s 为抽走基区过剩载流子的过程引起的；t_f 为结电容放电的时间。

GTR 的 t_{on} 一般为 0.5～3μs，而 t_{off} 比 t_{on} 要长，式中，t_s 为 3～8μs，t_f 约为 1μs。

图 4-10　GTR 的动态特性曲线

实际应用中，在开通 GTR 时，加大驱动电流 i_b 和其上升率，可减小 t_d 和 t_r，但电流也不能太大，否则会由于过饱和而增大 t_s。在关断 GTR 时，加反向基极电压可加速存储电荷的消散，减少 t_s，但反向电压不能太大，以免使发射结击穿。

为了提高 GTR 的开关速度，可选用结电容比较小的快速开关管，还可用加速电容来改善 GTR 的开关特性。在 GTR 的基极电阻两端并联一个电容，利用换流瞬间电路上电压不能突变的特性，也可改善管子的开关特性。

三、GTR 的主要参数

对于实际电路设计时要研究电源电压的变动、过载能力、环境温度等因素，按最坏应用条件选用功率晶体管，既要有较高的效率，又要保证高可靠性。最重要的一点是，在工作瞬时不能超过功率晶体管的额定值，否则就会损坏晶体管。

1. 电压参数

（1）最高电压额定值 最高集电极电压额定值是指集电极的击穿电压值，它不仅因器件不同而不同，而且会因外电路接法不同而不同，击穿电压共有以下几种。

BU_{CBO} 为发射极开路时，集电极-基极的击穿电压。

BU_{CEO} 为基极开路时，集电极-发射极的击穿电压。

BU_{CES} 为基极-发射极短路时，集电极-发射极的击穿电压。

BU_{CER} 为基极-发射极间并联电阻时，集电极-发射极的击穿电压。并联电阻越小，其值越高。

BU_{CEX} 为基极-发射极施加反偏压时，集电极-发射极的击穿电压。

各种不同接法时的击穿电压的关系如下：

$$BU_{CBO} > BU_{CEX} > BU_{CES} > BU_{CER} > BU_{CEO}$$

为了保证器件工作安全，GTR 的最高工作电压 U_{CEM} 应比最小击穿电压 BU_{CEO} 低。

（2）饱和压降 U_{CES} 处于深饱和区的集电极电压称为饱和压降，在大功率应用中它是一项重要指标，因为它关系到器件导通的功率损耗。单个 GTR 的饱和压降一般不超过 $1\sim1.5V$，它随集电极电流 I_{CM} 的增加而增大。

2. 电流参数

（1）集电极连续直流电流额定值 I_C 集电极连续直流电流额定值是指只要保证结温不超过允许的最高结温，晶体管允许连续通过的直流电流值。

（2）集电极最大电流额定值 I_{CM} 集电极最大电流额定值是指在最高允许结温下，不造成器件损坏的最大电流。超过该额定值必将导致晶体管内部结构的烧毁。在实际使用中，可以利用热容量效应，根据占空比来增大连续电流，但不能超过峰值额定电流。

（3）基极电流最大允许值 I_{BM} 基极电流最大允许值比集电极最大电流额定值要小得多，通常 $I_{BM} = （1/10\sim1/2）I_{CM}$，而基极发射极间的最大电压额定值通常只有几伏。

3. 其他参数

（1）最高结温 T_{JM} 最高结温是指出正常工作时不损坏器件所允许的最高温度。它由器件所用的半导体材料、制造工艺、封装方式及可靠性要求来决定。塑封器件一般为 $120\sim150℃$，金属封装为 $150\sim170℃$。为了充分利用器件功率而又不超过允许结温，GTR 使用时必须选配合适的散热器。

（2）最大额定功耗 P_{CM} 最大额定功耗是指 GTR 在最高允许结温时，所对应的耗散功率。它受结温限制，其大小主要由集电结工作电压和集电极电流的乘积决定。一般是在环境温度为 $25℃$ 时测定，如果环境温度高于 $25℃$，允许的 P_{CM} 值应当减小。由于这部分功耗全部变成热量使器件结温升高，因此散热条件对 GTR 的安全可靠十分重要，如果散热条件不好，器件就会因温度过高而烧毁；相反，如果散热条件越好，在给定的范围内允许的功耗也越高。

四、GTR 的二次击穿与安全工作区

1. 二次击穿

二次击穿是 GTR 突然损坏的主要原因之一，成为影响其是否安全可靠使用的一个重要因素，但要发生二次击穿，必须同时具备三个条件：高电压、大电流和持续时间。前述的集电极-发射极击穿电压值 BU_{CEO} 是一次击穿电压值，一次击穿时集电极电流急剧增加，如果有外加电阻限制电流的增长时，则一般不会引起 GTR 特性变坏。但不加以限制，就会导致破坏性的二次击穿，如图 4-11 所示。二次击穿是指器件发生一次击穿后，集电极电流急剧增加，在某电压电流点将产生向低阻抗高速移动的负阻现象。一旦发生二次击穿就会使器件受到永久性损坏。

2. 安全工作区（SOA）

GTR 在运行中受电压、电流、功率损耗和二次击穿等额定值的限制。为了使 GTR 安全可靠地运行，必须使其工作在安全工作区范围内。安全工作区是由 GTR 的二次击穿功率 P_{SB}、集电极最高电压 U_{CEM}、集电极最大电流 I_{CM} 和集电极最大耗散功率 P_{CM} 等参数限制的区域，如图4-12的 $ABCDO$ 所围成的部分所示。

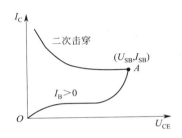

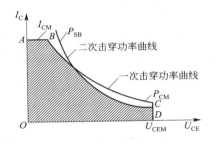

图 4-11　GTR 二次击穿示意图　　　　　图 4-12　GTR 的安全工作区

安全工作区是在一定的温度下得出的，例如环境温度 25℃ 或管子壳温 75℃ 等。使用时，如果超出上述指定的温度值，则允许功耗和二次击穿耐能都必须降低额定使用。

课题三　电力场效应晶体管（Power MOSFET）

就像小功率用于信息处理的场效应晶体管（Field Effect Transistor，FET）一样，电力场效应晶体管也分为结型和绝缘栅型，但通常主要指绝缘栅型中的 MOS 型（Metal Oxide Semiconductor FET），简称电力 MOSFET（Power MOSFET），结型电力场效应晶体管一般称作静电感应晶体管（Static Induction Transistor，SIT）。电力场效应晶体管在导通时只有一种极性的载流（多数载流子）参与导电，是单极型晶体管。

电力场效应晶体管是通过栅极电压来控制漏极电流，因此它的一个显著特点是驱动电路简单，需要的驱动功率小，开关速度快，工作频率高，电力 MOSFET 的工作频率在所有电力电子器件中是最高的。另外，电力 MOSFET 的热稳定性优于 GTR。但电流容量小，耐压低，一般只适用于功率不超过 10kW 的电力电子装置。

一、Power MOSFET 的结构与工作原理

1. 结构

电力 MOSFET 在导通时只有一种极性的载流子（多子）参与导电，是单极型晶体管。其导电机理与小功率 MOS 管相同，但结构上有较大区别。小功率 MOS 管是一次扩散形成的器件，其导电沟道平行于芯片表面，属于横向导电器件，而电力 MOSFET 大都采用了垂直导电结构，所以又称为 VMOSFET，这大大提高了 MOSFET 器件的耐压和耐电流能力。按垂直导电结构的差异，电力 MOSFET 又分为利用 V 形槽实现垂直导电的 VVMOSFET 和具有垂直导电双扩散 MOS 结构的 VDMOSFET。这里主要以

VDMOSFET 器件为例进行讨论。

　　电力 MOSFET 也是多元集成结构，一个器件由许多小 MOSFET 元组成。每个 MOSFET元的形状和排列方法，不同生产厂家采用了不同的设计，因而对其产品取了不同的名称。但是不管名称怎样变，垂直导电的基本思想没有变。国际整流器公司 (International Rectifier)的 HEXFET 采用了六边形单元，西门子公司（Siemens）的 SIP-MOSFET 采用了正方形单元，摩托罗拉公司（Motorola）的 TMOS 采用了矩形单元按 "品"字形排列。

　　电力 MOSFET 按导电沟道可分为 P 沟道 和 N 沟道，按工作原理可分为耗尽型（当栅极电压为零时漏源极之间就存在导电沟道）和增强型（对于 N（P）沟道器件，栅极电压大于(小于)零时才存在导电沟道）。

　　实际应用中，电力 MOSFET 主要是 N 沟道增强型。结构和电气符号如图 4-13 所示，器件的外部有三个引脚，S 为源极，G 为栅极，D 为漏极。

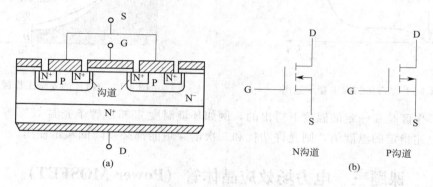

图 4-13　电力 MOSFET 的结构和电气图形符号

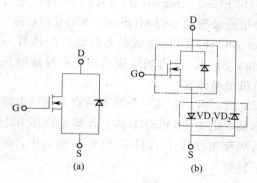

图 4-14　电力 MOSFET 的连接示意图

　　根据电力 MOSFET 的内部结构图 4-13(a)，可以看出：源极的金属电极将管子内的 N^+ 区和 P 区连接在一起，相当于在源极（S）与漏极（D）间形成了一个寄生二极管。管子截止时，漏源间的反向电流就在此二极管内流动。为了明确起见，常又将 P-MOSFET 的符号用图 4-14（a）表示。如果是在变流电路中，P-MOSFET 元件自身的寄生二极管流通反向大电流，可能会导致元件损坏。为避免电路中反向大电流流过 P-MOS-FET 元件，在它的外面常并接一个快速二极管 VD_2，串接一个二极管 VD_1。因此，P-MOSFET 元件在变流电路中的实际形式如图 4-14(b) 所示。

2. 工作原理

　　当漏极接电源正端，源极接电源负端，栅极和源极间电压为零时，P 基区与 N 漂移区之间形成的 PN 结 J_1 反偏，漏源极之间无电流流过。如果在栅极和源极之间加一正电压 U_{GS}，由于栅极是绝缘的，所以并不会有栅极电流流过。但栅极的正电压却会将其下面 P 区中的空穴推开，而将 P 区中的电子吸引到栅极下面的 P 区表面。当 U_{GS} 大于某一电压值 U_T

时，栅极下 P 区表面的电子浓度将超过空穴浓度，从而使 P 型半导体反型而成为 N 型半导体，形成反型层，该反型层形成 N 沟道而使 PN 结 J_1 消失，漏极和源极导电。电压 U_T 称为开启电压(或阈值电压)，U_{GS} 超过 U_T 越多，导电能力越强，漏极电流 I_D 越大。

综上所述，漏极电流 I_D 受控于栅源极电压 U_{GS} 和漏源极电压 U_{DS}。

二、Power MOSFET 的主要特性

1. 静态特性

（1）转移特性　转移特性表示电力 MOSFET 的输入栅源电压 U_{GS} 与输出漏极电流 I_D 之间的关系，如图 4-15（a）所示。转移特性表示电力 MOSFET 的放大能力，与 GTR 中的电流增益相仿。

（2）输出特性　当栅极电压 U_{GS} 一定时，漏极电流 I_D 与漏源电压 U_{DS} 间关系曲线为 MOSFET 的输出特性，如图 4-15（b）所示。只有当栅源电压 U_{GS} 达到或超过强反型条件时，MOSFET 进入导通状态，栅源电压 U_{GS} 越大，漏极电流越大。可见，漏极电流 I_D 受栅源电压 U_{GS} 的控制。输出特性分为三个区域，即可调电阻区、饱和区和雪崩区。

在可调电阻区内，器件的电阻值是变化的，I_D 与 U_{DS} 几乎呈线性关系。当 U_{DS} 增大时，I_D 增加趋缓，开始进入饱和区，在饱和区中，当 U_{GS} 不变时，I_D 趋于不变。当 U_{DS} 增大至使漏极 PN 结反偏电压过高时，发生雪崩击穿，I_D 突然增加，此时恰好进入雪崩区，直至器件损坏。

2. 动态特性

图 4-16（a）所示电路为电力 MOSFET 动态特性和开关特性的测试电路。图中 u_p 为栅极控制电压信号源，R_S 为信号源内阻，R_G 为栅极电阻，R_L 为漏极负载电阻，R_F 为检测漏极电流的电阻。信号源产生阶跃脉冲电压，当其前沿到来时，输入电容 C_{in}（$C_{in} = C_{GS}$

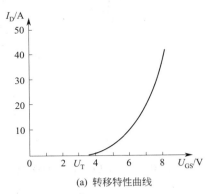

(a) 转移特性曲线

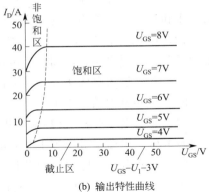

(b) 输出特性曲线

图 4-15　电力 MOSFET 的
转移特性和输出特性曲线

$+C_{GD}$）充电，栅极电压 u_{GS} 按指数曲线上升，如图 4-16（b）所示。当 u_{GS} 上升到开启电压 u_T 时，开始出现漏极电流 i_D，从 u_p 前沿到 i_D 出现的这段时间称为开通延迟时间 t_d。之后，i_D 随 u_{GS} 的增大而上升，u_{GS} 从 u_T 上升到使 i_D 达到稳态值所用的时间称为上升时间 t_r，开通时间 t_{on} 为可表示为：

$$t_{on} = t_d + t_r$$

当信号源脉冲电压 u_p 下降到零度时，电容 C_{in} 通过信号源内阻 R_S 和栅极电阻 R_G 开始放电，u_{GS} 按指数规律下降，当下降到 u_{GSP} 时，i_D 才开始减小，这段时间称为关断延迟时间 t_s。此后，C_{in} 继续放电，u_{GS} 从 u_{GSP} 继续下降，i_D 减小，到 $u_p < u_T$ 时，沟道关断，i_D 下降到零，这段时间称为下降时间 t_f。关断时间 t_{off} 可表示为

$$t_{off} = t_s + t_f$$

有以上分析可知，电力 MOSFET 的开关时间和 C_{in} 充放电时间常数有很大关系。使用

时，无法改变 C_{in}，但是可改变信号源内阻 R_s 的值，从而减小时间常数，加快开关速度。

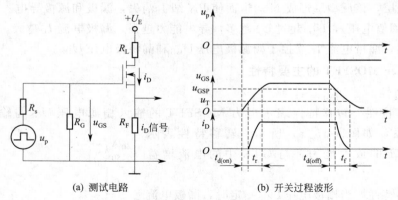

(a) 测试电路 (b) 开关过程波形

图 4-16　电力 MOSFET 的开关过程

u_p—脉冲信号源；R_s—信号源内阻；

R_G—栅极电阻；R_L—负载电阻；R_F—检测漏极电流

三、Power MOSFET 的主要参数

(1) 漏源击穿电压 BU_{DS}　该电压决定了电力 MOSFET 的最高工作电压，限制了器件的电压和功率处理能力，这是为了避免器件进入雪崩区而设的极限参数。

(2) 栅源击穿电压 BU_{GS}　该电压表征了电力 MOSFET 栅源之间能承受的最高电压，是为了防止栅源电压过高而发生电击穿的参数。

(3) 漏极最大电流 I_{DM}　该电流表征电力 MOSFET 的电流容量，确定 MOSFET 电流定额的方法和电力晶体管不同。

(4) 开启电压 U_T　又称阈值电压，是指电力 MOSFET 通过一定量的漏极电流时的最小栅源电压。当栅源电压等于开启电压时，电力 MOSFET 开始导通。

(5) 极间电容　电力 MOSFET 的极间电容是影响其开关速度的主要因素。其极间电容分为两类：一类为 C_{GS} 和 C_{GD}，它们由绝缘层形成；另一类是 C_{DS}，它由 PN 结构成。一般生产厂家提供的是漏源短路时的输入电容 C_i、共源极输出电容 C_{out} 及反馈电容 C_f，它们与各极电容关系表达式为：

$$C_i = C_{GS} + C_{GD}$$
$$C_{out} = C_{DS} + C_{GD}$$
$$C_f = C_{GD}$$

以上电容的数值均与漏极电压 U_{DS} 有关，U_{DS} 越高，极间电容就越小。当 $U_{DS} > 25V$ 时，各电容值趋于恒定。

课题四　绝缘栅双极型晶体管（IGBT）

绝缘栅双极晶体管 IGBT（Insulated Gate Bipolar Transistor）也称绝缘门极晶体管，是 GTR 和 MOSFET 两类器件取长补短结合而成的复合器件，它结合了二者的优点，具有输入阻抗高、速度快、热稳定性好和驱动电路简单的优点，又具有输入通态电压低，耐压高和

承受电流大的优点，这些都使 IGBT 比 GTR 有更大的吸引力。自 1986 年投入市场后，IGBT 已经取代了 GTR 和一部分 MOSFET 的市场，是中小功率电力电子设备的主导器件，继续提高电压和电流容量，以期再取代 GTO 的地位。在变频器驱动电机，中频和开关电源以及要求快速、低损耗的领域，IGBT 都有着主导地位。

一、IGBT 的结构与工作原理

1. 结构

IGBT 也是三端器件，它的三个极分别为漏极（D）、栅极（G）和源极（S）。有时也将 IGBT 的漏极称为集电极（C），源极称为发射极（E）。图 4-17（a）是一种由 N 沟道功率 MOSFET 与晶体管复合而成的 IGBT 的基本结构。与图 4-13 对照可以看出，IGBT 比功率 MOSFET 多一层 P^+ 注入区，因而形成了一个大面积的 P^+N^+ 结 J_1，这样使得 IGBT 导通时由 P^+ 注入区向 N 基区发射少数载流子，从而对漂移区电导率进行调制，使得 IGBT 具有很强的通流能力。其简化等效电路如图 4-17（c）所示。可见，IGBT 是以 GTR 为主导器件，MOSFET 为驱动器件的复合管，图中 RN 为晶体管基区内的调制电阻。图 4-17（b）为 IGBT 的电气图形符号。IGBT 和 IGBT 集成模块实物图见图 4-18。

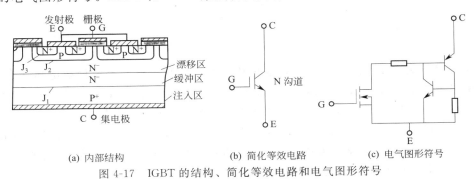

(a) 内部结构　　　　　　(b) 简化等效电路　　　　　(c) 电气图形符号

图 4-17　IGBT 的结构、简化等效电路和电气图形符号

图 4-18　IGBT 和 IGBT 集成模块

2. 工作原理

IGBT 的驱动原理与电力 MOSFET 基本相同，它是一种压控型器件。其开通和关断是由栅极和发射极间的电压 U_{GE} 决定的，当 U_{GE} 为正且大于开启电压 $U_{GE(th)}$ 时，MOSFET 内形成沟道，并为晶体管提供基极电流使其导通。当栅极与发射极之间加反向电压或不加电压时，MOSFET 内的沟道消失，晶体管无基极电流，IGBT 关断。

二、IGBT 的主要特性

1. 静态特性

与功率 MOSFET 相似，IGBT 的转移特性和输出特性分别描述器件的控制能力和工作状态。图 4-19(a) 为 IGBT 的转移特性，它描述的是集电极电流 I_C 与栅射电压 U_{GE} 之间的关系，与功率 MOSFET 的转移特性相似。开启电压 $U_{GE(th)}$ 是 IGBT 能实现电导调制而导通的最低栅射电压。$U_{GE(th)}$ 随温度升高而略有下降，温度升高 1℃，其值下降 5mV 左右。在 +25℃ 时，$U_{GE(th)}$ 的值一般为 2~6V。

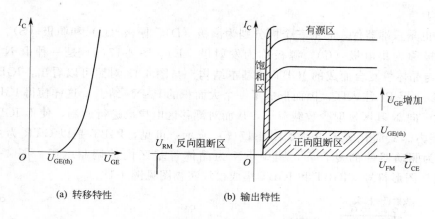

(a) 转移特性 (b) 输出特性

图 4-19 IGBT 的转移特性和输出特性

图 4-19(b) 为 IGBT 的输出特性，也称伏安特性，它描述的是以栅射电压为参考变量时，集电极电流 I_C 与集射极间电压 U_{CE} 之间的关系。此特性与 GTR 的输出特性相似，不同的是参考变量，IGBT 为栅射电压 U_{GE}，GTR 为基极电流 I_B。IGBT 的输出特性也分为 3 个区域：正向阻断区、有源区和饱和区。这分别与 GTR 的截止区、放大区和饱和区相对应。此外，当 $u_{CE} < 0$，IGBT 为反向阻断工作状态。在电力电子电路中，IGBT 工作在开关状态，因而是在正向阻断区和饱和区之间来回转换。

2. 动态特性

图 4-20 给出了 IGBT 开关过程的波形图。IGBT 的开通过程与功率 MOSFET 的开通过程很相似，这是因为 IGBT 在开通过程中大部分时间是作为 MOSFET 来运行的。从驱动电压 u_{GE} 的前沿上升至其幅度的 10% 的时刻起，到集电极电流 I_C 上升至其幅度的 10% 的时刻止，这段时间开通延迟时间 $t_{d(on)}$。而 I_C 从 10%I_{CM} 上升至 90%I_{CM} 所需要的时间为电流上升时间 t_r。同样，开通时间 t_{on} 为开通延迟时间 $t_{d(on)}$ 与上升时间 t_r 之和。开通时，集射电压 u_{CE} 的下降过程分为 t_{fv1} 和 t_{fv2} 两段。前者为 IGBT 中 MOSFET 单独工作的电压下降过程；后者为 MOSFET 和 PNP 晶体管同时工作的电压下降过程。由于 u_{CE} 下降时 IGBT 中 MOSFET 的栅漏电容增加，而且 IGBT 中的 PNP 晶体管由放大状态转入饱和状态也需要一个过程，因此 t_{fv2} 段电压下降过程变缓。只有在 t_{fv2} 段结束时，IGBT 才完

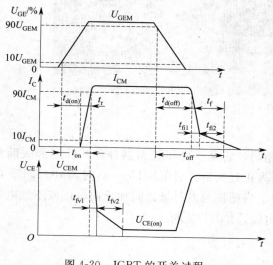

图 4-20 IGBT 的开关过程

全进入饱和状态。

IGBT 关断时，从驱动电压 u_{GE} 的脉冲后沿下降到其幅值的 90% 的时刻起，到集电极电流下降至 $90\%I_{CM}$ 止，这段时间称为关断延迟时间 $t_{d(off)}$。集电极电流从 $90\%I_{CM}$ 下降至 $10\%I_{CM}$ 的这段时间为电流下降时间。二者之和为关断时间 t_{off}。电流下降时间可分为 t_{fi1} 和 t_{fi2} 两段。其中 t_{fi1} 对应 IGBT 内部的 MOSFET 的关断过程，这段时间集电极电流 I_C 下降较快；t_{fi2} 对应 IGBT 内部的 PNP 晶体管的关断过程，这段时间内 MOSFET 已经关断，IGBT 又无反向电压，所以 N 基区内的电子复合缓慢，造成 I_C 下降较慢。由于此时集射电压已经建立，因此较长的电流下降时间会产生较大的关断损耗。为解决这一问题，可以与 GTR 一样通过减轻饱和程度来缩短电流下降时间。

可以看出，IGBT 中双极型 PNP 晶体管的存在，虽然带来了电导调制效应的好处，但也引入了少数载流子储存现象，因而 IGBT 的开关速度要低于功率 MOSFET。

三、IGBT 的主要参数

（1）集电极-发射极额定电压 U_{CEO}　这个电压值是厂家根据器件的雪崩击穿电压而规定的，是栅极-发射极短路时 IGBT 能承受的耐压值，即 U_{CES} 值小于等于雪崩击穿电压。

（2）栅极-发射极额定电压 U_{GES}　IGBT 是电压控制器件，靠加到栅极的电压信号控制 IGBT 的导通和关断，而 U_{GES} 就是栅极控制信号的电压额定值。目前，IGBT 的 U_{GES} 值大部分为 +20V，使用中不能超过该值。

（3）栅射极开启电压 U_T　该参数是指使 IGBT 导通所需的最小栅射极电压。通常，IGBT 的开启电压 U_T 为 3～5.5V。

（4）集电极额定电流 I_C　该参数是指在额定的测试温度条件下，IGBT 所允许的集电极最大直流电流。

课题五　全控型电力电子器件的驱动电路

电力电子器件的驱动电路是电力电子主电路与控制电路之间的接口，是电力电子装置的重要环节，其性能的好坏对整个电力电子装置有很大的影响。采用性能良好的驱动电路，可使电力电子器件工作在较理想的开关状态，缩短开关时间，减小开关损耗。因驱动电路对装置的运行效率、可靠性和安全性都有重要的意义。另外，对电力电子装置的一些保护措施也往往设在驱动电路中，也是通过驱动电路实现。

各种自关断器件的导通和关断机理差别很大，因此其驱动电路也有很大的不同。按照驱动电路加在电力电子器件控制端和公共端之间信号的性质，可分为电流驱动型和电压驱动型。在这里主要针对于全控型电力电子器件 GTO、GTR、MOSFET 和 IGBT，将上述典型器件按电流驱动和电压驱动型分别进行分析。

首先先明确一下驱动电路的基本任务：即：按控制目标的要求施加开通或关断的信号。对半控型器件只需提供开通控制信号。对全控型器件则既要提供开通控制信号，又要提供关断控制信号。

驱动电路还要提供控制电路与主电路之间的电气隔离环节，一般采用光隔离或磁隔离。光隔离一般采用光耦合器，如图 4-21 所示，磁隔离的元件通常是脉冲变压器。

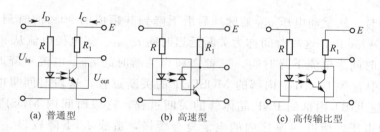

(a) 普通型　　　　　(b) 高速型　　　　　(c) 高传输比型

图 4-21　光耦合器的类型及接法

驱动电路具体形式为分立元件，但目前的趋势是采用专用集成驱动电路、双列直插式集成电路及将光耦隔离电路也集成在内的混合集成电路。为达到参数最佳配合，首选所用器件生产厂家专门开发的集成驱动电路。

一、电流驱动型器件的驱动电路

GTO 和 GTR 是电流驱动型器件。

1. GTO 的驱动电路

GTO 门极触发方式通常有下面三种。

直流触发：在 GTO 被触发导通期间，门极一直加有直流触发信号。

连续脉冲触发：在 GTO 被触发导通期间，门极上仍加有连续触发脉冲，所以也称脉冲列触发。

单脉冲触发：即常用的脉冲触发，GTO 导通之后，门极触发脉冲即结束。

采用直流触发或脉冲列触发方式 GTO 的正向管压降较小。采用单脉冲触发时，如果阳极电流较小，则管压降较大，用单脉冲触发，应提高脉冲的前沿陡度，增大脉冲幅度和宽度，才能使 GTO 的大部分或全部达饱和导通状态。

GTO 的结构和特点使得其对驱动电路要求较严。门极控制不当，会使 GTO 在远不足电压、电流定额的情况下损坏。

影响 GTO 导通的主要因素有：阳极电压、阳极电流、温度和门极触发信号等。阳极电压高，GTO 导通容易，阳极电流较大时易于维持大面积饱和导通，温度低时，要加大门极驱动信号才能得到与室温时相同的导通效果。因此，对门极触发信号有以下几个要求。

（1）因为 GTO 工作在临界饱和状态，所以门极触发信号要足够大。

（2）脉冲前沿（正、负脉冲）越陡越有利，而后沿平缓些好。正脉冲后沿太陡会产生负尖峰脉冲；负脉冲后沿太陡会产生正尖峰脉冲，会使刚刚关断的 GTO 的耐压和阳极承受的 du/dt 降低。

（3）为了实现强触发，门极正脉冲电流一般为额定触发电流（直流）的（3～5）倍。

（4）关断后还要在门阴极施加约 5V 的负偏压，以提高抗干扰能力。

GTO 驱动电路通常包括开通驱动电路、关断驱动电路和门极反偏电路三部分，可分为脉冲变压器耦合式和直接耦合式两种类型。

直接耦合式驱动电路可避免电路内部的相互干扰和寄生振荡，可得到较陡的脉冲前沿。目前应用较广，但其功耗大，效率较低。图 4-22 是一个典型的耦合式 GTO 晶闸管驱动电路，该电路的电源由高频电源经二极管整流后提供，二极管 VD_1 和电容 C_1 提供＋5V 电压，VD_2、VD_3 和 C_2、C_3 构成倍压整流电路提供＋15V 电压，VD_4 和电容 C_4 提供－15V 电压。

场效应晶体管 V_1 开通时，输出正强脉冲；V_2 开通时输出正脉冲平顶部分；V_2 关断而 V_3 开通时输出负脉冲；V_3 关断后电阻 R_3 和 R_4 提供门极负偏压。

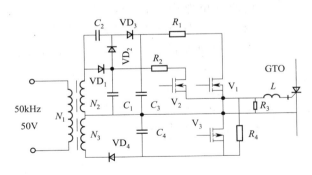

图 4-22　典型的直接耦合式 GTO 驱动电路

2. GTR 的驱动电路

为了加速开关过程，减小损耗，使电力晶体管安全可靠地运行，理想的 GTR 基极驱动电流波形如图 4-23 所示，这就要求其基极驱动电路应具有以下特性。

（1）电力晶体管位于主电路，电压较高，而控制电路电压较低。驱动电路应对主电路和控制电路有电气隔离的作用。

（2）在使电力晶体管开通时，驱动电流应有足够陡的前沿，并有一定的过冲，以加速开通过程减小开通损耗。

（3）电力晶体管导通期间，在任何负载下基极驱动电流都应使晶体管饱和导通。为降低饱和压降，应使晶体管过饱和。而为缩短储存时间，应使晶体管临界饱和。

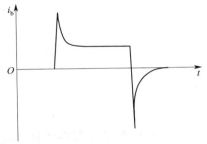

图 4-23　理想的 GTR
基极驱动电流波形

（4）关断时，应能提供幅值足够大的反向基极驱动电流，并施加一定幅值（6V 左右）的反偏截止电压，以加快关断速度，减少关断损耗。

（5）驱动电路应有较强的抗干扰能力，并有一定的保护功能。

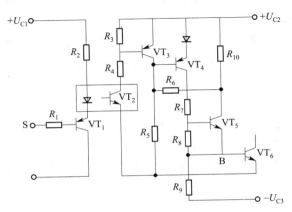

图 4-24　GTR 的实用驱动电路

图 4-24 是一种 GTR 的实用驱动电路，包括电气隔离和晶体管放大电路两部分。该电路采用正、负双电源供电。当输入信号为高电平时，三极管 VT_1、VT_2 和 VT_3 导通，而 VT_4 截止，这时 VT_5 就导通。二极管 VD_3 可以保证 GTR 的临界饱和状态。流过二极管 VD_3 的电流随 GTR 的临界饱和程度而改变，自动调节基极电流。当输入低电平时，VT_1、VT_2、VT_3 截止，而 VT_4 导通，这就给 GTR 的基极一个负电流，使 GTR 截止。在 VT_4 导通期间，GTR 的基极-发射极一直处于负偏置状态，

因而避免了反向电流的通过，防止同一桥臂另一个 GTR 导通产生过电流。

集成化驱动电路克服了一般电路元件多、电路复杂、稳定性差和使用不便的缺点，还增加了保护功能。驱动 GTR 的集成驱动电路中，THOMSON 公司的 UAA4002 和三菱公司的 M57215BL 较为常见。此芯片提高了基极驱动电路的集成度、可靠性、快速性，并且过电流保护等功能。图 4-25 所示是由 UAA4002 组成的 CTR 驱动，它采用电平控制方式。

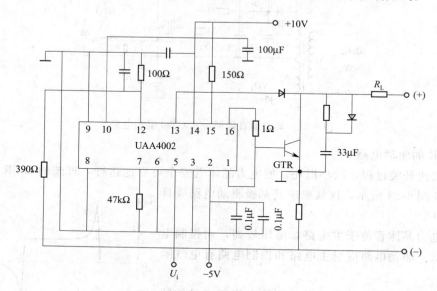

图 4-25   UAA4002 的 GTR 驱动电路

二、电压驱动型器件的驱动电路

电力 MOSFET 和 IGBT 是电压驱动型器件。电力 MOSFET 的栅源极之间和 IGBT 的栅射极之间都有数千皮法左右的极间电容，为快速建立驱动电压，要求驱动电路输出电阻小。使 MOSFET 开通的驱动电压一般 10～15V，使 IGBT 开通的驱动电压一般 15 ～ 20V。关断时施加一定幅值的负驱动电压（一般取－15～－5V）有利于减小关断时间和关断损耗。在栅极串入一只低值电阻可以减小寄生振荡，该电阻阻值应随被驱动器件电流额定值的增大而减小。

① IGBT 是电压驱动的，具有一个 2.5～5.0V 的阀值电压，有一个容性输入阻抗，因此 IGBT 对栅极电荷非常敏感，故驱动电路必须很可靠，保证有一条低阻抗值的放电回路，即驱动电路与 IGBT 的连线要尽量短。

② 用内阻小的驱动源对栅极电容充放电，以保证栅极控制电压 U_{CE} 有足够陡的前后沿，使 IGBT 的开关损耗尽量小。另外，IGBT 开通后，栅极驱动源应能提供足够的功率，使 IGBT 不退出饱和而损坏。

③ 驱动电路中的正偏压应为＋12～＋15V，负偏压应为－10～－2V。

④ IGBT 多用于高压场合，故驱动电路应整个控制电路在电位上严格隔离。

⑤ 驱动电路应尽可能简单实用，具有对 IGBT 的自保护功能，并有较强的抗干扰能力。

⑥ 若为大电感负载，IGBT 的关断时间不宜过短，以限制 di/dt 所形成的尖峰电压，保证 IGBT 的安全。

1. MOSFET 的驱动电路

图 4-26 给出了电气 MOSFET 的一种驱动电路，它包括电气隔离和晶体管放大电路两部

分。当输入端无控制信号时，高速放大器 A 输出负电平，VT_3 导通输出负驱动电压，MOSFET关断；当输入端有控制信号时，A 输出正电平，VT_2 导通输出正驱动电压，MOSFET导通。

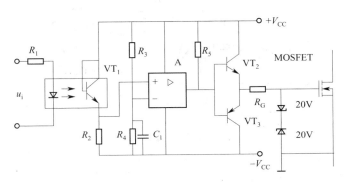

图 4-26　电力 MOSFET 的一种驱动电路

实际应用中，电力 MOSFET 多采用集成驱动电路。专为驱动电力 MOSFET 而设计的混合集成电路有三菱公司的 M57918L。如图 4-27 所示，其输入信号电流幅值为 16mA，输出最大脉冲电流为+2A 和−3A，输出驱动电压+15V 和−10V。

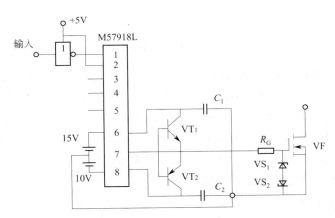

图 4-27　M57918L 的电力 MOSFET 驱动电路

2.IGBT 的驱动电路

因为 IGBT 的输入特性几乎与 MOSFET 相同，所以用于 MOSFET 的驱动电路同样可以用于 IGBT。

在用于驱动电动机的逆变器电路中，为使 IGBT 能够稳定工作，要求 IGBT 的驱动电路采用正负偏压双电源的工作方式。为了使驱动电路与信号电路隔离，应采用抗噪声能力强，信号传输时间短的光耦合器件。基极和发射极的引线应尽量短，基极驱动电路的输入线应为绞合线，其具体电路如图 4-28 所示。为抑制输入信号的振荡现象，在图 4-28（a）中的基极和发射极并联一阻尼网络。

图 4-28（b）为采用光耦合器使信号电路与驱动电路进行隔离。驱动电路的输出级采用互补电路的形式以降低驱动源的内阻，同时加速 IGBT 的关断过程。

IGBT 多采用专用的混合集成驱动器。大多数 IGBT 生产厂家为了解决 IGBT 的可靠性

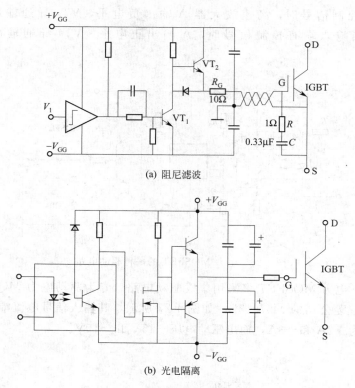

(a) 阻尼滤波

(b) 光电隔离

图 4-28　IGBT 基极驱动电路

问题，都生产与其配套的集成驱动电路。这些专用驱动电路抗干扰能力强，集成化程度高，速度快，保护功能完善，可实现 IGBT 的最优驱动。目前，国内市场应用最多的 IGBT 驱动模块是富士公司开发的 EXB 系列，它包括标准型和高速型。EXB 系列驱动模块可以驱动全部的 IGBT 产品范围，特点是驱动模块内部装有 2500V 的高隔离电压的光耦合器，有过电流保护电路和过电流保护输出端子，另外，可以单电源供电。标准型的驱动电路信号延迟最大为 $4\mu s$，高速型的驱动电路信号延迟最大为 $1.5\mu s$。

　　常用的有三菱公司的 M579 系列（如 M57962L 和 M57959L）和富士公司的 EXB 系列（如 EXB840、EXB841、EXB850 和 EXB851），如图 4-29 所示。

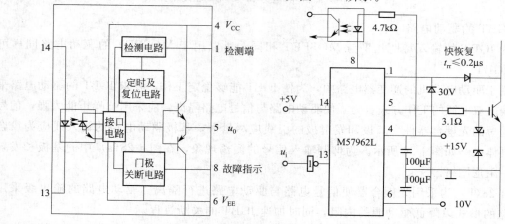

图 4-29　M57962L 型 IGBT 驱动器的原理和接线图

实践技能训练

实训　全控型电力电子器件的基本认识

一、实训目标

(1) 认识 GTR、GTO、Power MOSFET、IGBT 的外形。

(2) 认识模块化功率器件。

(3) 能识别 GTR、GTO、Power MOSFET、IGBT 的型号。

(4) 掌握 GTO 的测量方法。

二、实训器材

① 电力电子器件若干。

② MF47 万用表 1 块。

③ 工具 1 套。

三、实训步骤

1. 器件的外形识别

(1) 观察 GTR。观察 GTR 及其模块外形结构，认真查看器件上的信息，记录器件上的标识，对照《电力电子器件技术手册》确认器件名称、型号及参数并填写下面表格。

GTR 及模块记录表

项　目	型　号	额定电压	额定电流	结构类型
1 号器件				
2 号器件				

(2) 观察 GTO。观察 GTO 及其模块外形结构，认真查看器件上的信息，记录器件上的标识，对照《电力电子器件技术手册》确认器件名称、型号及参数并填写下面表格。

GTO 及模块记录表

项　目	型　号	额定电压	额定电流	结构类型
1 号器件				
2 号器件				

(3) 观察 Power MOSFET。观察 Power MOSFET 及其模块外形结构，认真查看器件上的信息，记录器件上的标识，对照《电力电子器件技术手册》确认器件名称、型号及参数并填写下面表格。

Power MOSFET 及模块记录表

项　目	型　号	额定电压	额定电流	结构类型
1 号器件				
2 号器件				

（4）观察 IGBT。观察 IGBT 及其模块外形结构，认真查看器件上的信息，记录器件上的标识，对照《电力电子器件技术手册》确认器件名称、型号及参数并填写下面表格。

IGBT 及模块记录表

项　目	型　号	额定电压	额定电流	结构类型
1 号器件				
2 号器件				

2.GTO 的测量

根据 GTO 测量要求及方法，用万用表测量 GTO 各引脚之间的电阻值并记录，判定 GTO 的电极及质量的好坏；采用万用表测试法，对引脚极性清晰的 GTO 进行触发能力、关断能力检查。整理记录并填写下面表格，说明其好坏。

GTO 测量记录表

项　目	外观检查	触发能力	关断能力	质量好坏
1 号器件				
2 号器件				

四、实训报告要求

（1）认真填写上面的记录表格。
（2）根据实训记录判断被测 GTO 的好坏，写出简易判断的方法。
（3）总结 GTO 测量要求及方法。

思考题与习题

1.GTO 和普通晶闸管同为 PNPN 结构，为什么 GTO 能够实现自关断，而普通晶闸管不能？
2.多元集成结构对 GTO 的特性有什么影响？
3.导致 GTR 二次击穿的因素有哪些？可采取何种措施抑制二次击穿出现？
4.GTO、GTR 和 MOSFET 的驱动电路各有什么特点？
5.试说明 GTO、GTR、MOSFET 和 IGBT 各自的优缺点？

项目五　无源逆变电路

【学习目标】

● 了解无源逆变的概念以及无源逆变的种类。

● 了解变流电路的换流方式。

● 掌握电压型逆变电路和电流型逆变电路的特点。

● 掌握三相电压型逆变电路、单相并联谐振式逆变电路及串联二极管式电流型逆变电路的工作原理及换流方式。

● 掌握 PWM 控制方式的理论基础及脉宽调制型逆变电路的控制方式。

逆变电路是与整流电路相对应，将低电压变为高电压，把直流电变成交流电的电路称为逆变电路。逆变电路分为有源逆变和无源逆变。交流侧接负载是无源逆变，无源逆变被广泛地应用于变压变频和恒压恒频系统中。如蓄电池、干电池、太阳能电池等，直流电源向交流负载供电时，需要逆变电路。交流电机调速用变频器、不间断电源、感应加热电源等电力电子装置的核心部分都是逆变电路。

逆变电路是通用变频器核心部件之一，起着非常重要的作用。它的基本作用是在控制电路的控制下将中间直流电路输出的直流电源转换为频率和电压都在任意可调的交流电源，将直流电能变换为交流电能的逆变电路。可用于构成各种交流电源，在工业中得到广泛应用。生产中最常见的交流电源是由发电厂供电的公共电网。由公共电网向交流负载供电是最普通的供电方式。但随着生产的发展，相当多的用电设备对电源质量和参数有特殊要求，以至难于由公共电网直接供电。为了满足这些要求，历史上曾经有过电动机-发电机组和离子器件逆变电路。但由于它们的技术经济指标均不如用电力电子器件组成的逆变电路，因而已经或正在被后者取代。

直流-交流逆变电路输出的是交流电，希望其输出正弦波形，谐波含量少，为此可以从控制方法上解决，如采用正弦脉宽调制（SPWM）技术；也可以在逆变器拓扑结构上改造，如采用多重化、多电平逆变电路。在直流-交流逆变电路中，由于开关管是在承受正电压时关断，一般采用全控型电力电子器件，如 GTO、GTR、MOSFET、IGBT 等。如果采用晶闸管作为开关管，必须加入强迫换流回路。

课题一　逆变电路的基本工作原理

一、逆变电路的基本分类方式

为了满足不同用电设备对交流电源性能参数的不同要求，已发展了多种逆变电路，可按以下方式分类。

（1）按输出电能的去向，可分为有源逆变电路和无源逆变电路。前者输出的电能不能返回公共交流电网，后者输出的电能直接输向用电设备。

（2）按直流电源性质，可分为由电压型直流电源供电的电压型逆变电路和由电流型直流电源供电的电流型逆变电路。

（3）接主电路的器件，可分为由具有自关断能力的全控型器件组成的全控型逆变电路，由无关断能力的半控型器件组成的半控型逆变电路。半控型逆变电路必须利用换流电压以关断退出导通的器件。若换流电压取自逆变负载端，称为负载换流式逆变电路。这种电路仅适用于容性负载；对于非容性负载，换流电压必须由附加的专门换流电路产生，称自换流式逆变电路。

（4）按电流波形，可分为正弦逆变电路和非正弦逆变电路，前者开关器件中的电流为正弦波，其开关损耗较小，适合工作于较高频率的场合，后者形状器件电流为非正弦波，因其开关损耗较大，适合于开关频率较低的场合。

（5）按输出相数，可分为单相逆变电路和多相逆变电路。

二、逆变电路的基本原理

这里以单相桥式逆变电路为例，分析时视所有器件为理想开关，实际电路的工作过程要复杂一些。

图 5-1 是单相桥式逆变电路的原理图。$S_1 \sim S_4$ 是桥式电路的 4 个臂，它们由电力电子器件及辅助电路组成，其中 S_1、S_4，S_2、S_3 分别成对通断。当开关 S_1、S_4 闭合，S_2、S_3 断开时，负载电压 u_o 为正。反之，当 S_1、S_4 断开，S_2、S_3 闭合时，负载电压 u_o 为负。这样就可以把直流电变成了交流电并为负载供电，即无源逆变。人们可以通过改变两组开关切换频率，就能改变输出交流电频率。

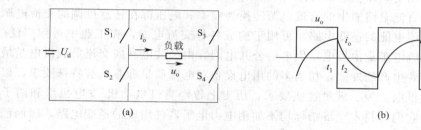

图 5-1 逆变电路及其波形举例

当为电阻负载时，负载电流 i_o 和电压 u_o 的波形输出相同，相位也相同。当为阻感负载时，两者波形不同，电流 i_o 滞后于电压 u_o，如图 5-1（b）所示。

设 t_1 时刻之前，S_1、S_4 导通，u_o 和 i_o 均为正，在 t_1 时刻断开 S_1、S_4，同时合上 S_2、S_3，则 u_o 的极性立刻变为负，但因为是阻感负载，其电流方向不能立刻改变而仍维持原方向。这时负载电流从直流电源负极流出，经 S_2、负载和 S_3 流回直流电源正极，负载电感中储存的能量向直流电源反馈，负载电流逐渐减小，到 t_2 时刻降为零，之后 i_o 才反向并逐渐增大。S_2、S_3 断开，S_1、S_4 闭合时的情况类似。

三、换流方式

在图 5-1 中的逆变电路工作过程中，在 t_1 时刻出现了电流从 S_1 到 S_2，以及从 S_3 到 S_4 的转移，电流从一个支路向另一个支路转移的过程，也称换相。在换流过程中，有的支路要从通态变为断态，有的支路要从断态变为通态。从断态到通态转变时，无论支路是由全控型还是半控型电力电子器件组成，只要给控制端适当的驱动信号，就可以使其开通。但从通态到断态转变的情况则不同，全控型电力电子器件可以通过对控制端的控制使其关断，而对于半控型器件（晶闸管）来说，无法通过控制端进行关断控制，只能利用外部条件或采取其他措施才能使其关断。因为，研究换流方式主要是研究如何使器件关断。

本章换流及换流方式问题最为全面集中，因此在本章讲述。一般来说，换流方式可分为以下 4 种。

1. 器件换流

利用全控型器件的自关断能力进行换流。如采用 GTO、GTR、IGBT、电力 MOSFET 等全控型器件的电路中，其换流方式即为器件换流。

2. 电网换流

由电网提供换流电压称为电网换流。这种换流方式应用于由交流电网供电的电路中，它是利用电网电压自动过零并变负的性能来实现换流的。这种换流方式不需要器件具有门极可关断能力，也不需要附加换流回路，可以用于可控整流电路、交流调压电路和采用相控方式的交交变频电路。

3. 负载换流

由负载提供换流电压称为负载换流。这种换流方式多用于直流电源供电的负载电路中。它利用负载回路的电容和电感所形成的振荡特性，使其电流具有自动过零的特点，只要负载电流超前于负载电压的时间大于晶闸管的关断时间，都可实现负载换流。

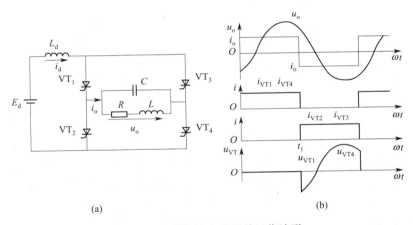

图 5-2 负载换流电路及其工作波形

并联或者串联谐振式的中频电源就是属于负载换流的。电路原理图如图 5-2 所示。电路采用晶闸管作为开关器件，在直流侧串入了一个很大的电感 L_d，因而在工作过程中 i_d 近似为恒值 I_d，负载是电阻电感串联后再和电容并联，工作在接近并联谐振状态而略呈容性。

设在 t_1 时刻以前 VT_1、VT_4 为通态，VT_2、VT_3 为断态，u_o、i_o 均为正，VT_2、VT_3 上施加的电压即为 u_o。在 t_1 时刻触发 VT_2、VT_3 使其开通，负载电压 u_o 就通过 VT_2、VT_3 分别加到 VT_4、VT_1 上，使其承受反压而关断，电流从 VT_1、VT_4 换到 VT_2、VT_3。

4. 强迫换流

设置附加的换流电路，给欲关断的晶闸管强迫施加反向电压或反向电流的换流方式称为强迫换流。换流回路的作用是利用储能元件（如电容）中的能量，产生一个短暂的换流脉冲，使原来导通的晶闸管电流下降到零，再使它承受一段时间反压，便可关断。强迫换流通常利用附加电容上储存的能量来实现，也称为电容换流。

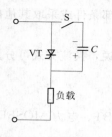

图 5-3 直接耦合式
强迫换流原理图

在强迫换流方式中，由换流电路内电容直接提供换流电压的方式称为直接耦合式强迫换流。如图 5-3 所示，晶闸管 VT 通态时，先给电容 C 按图 5-3 中所示极性充电。合上 S 就可使晶闸管被施加反压而关断。

如果通过换流回路的电容和电感耦合起来提供换流电压或者换流电流，则称为电感耦合式强迫换流。以下是两种电感耦合式强迫换流的电路示意图。图 5-4 所示为两种电感耦合式强迫换流原理。图 5-4(a) 中晶闸管在 LC 振荡第一个半周期内关断。图 5-4(b) 中晶闸管在 LC 振荡第二个半周期内关断。

因为晶闸管在导通期间，两图中电容所充的电压极性不同。在图 5-4(a) 中，接通开关 S 后，LC 振荡电流将反向流过晶闸管 VT，与 VT 的负载电流相减，直到 VT 的合成正向电流减至零后，再流过二极管 VD。在图 5-4(b) 中，接通开关 S 后，LC 振荡电流先正向流过 VT 并和 VT 中原有负载电流叠加，经半个振荡周期后，直电流振荡反向流过 VT，直到 VT 的合成正向电流减至零后再流过二极管 VD。在这两种情况下，晶闸管都是在正向电流减至零且二极管开始流过电流时关断。二极管上的管压降就是加在晶闸管上的反向电压。

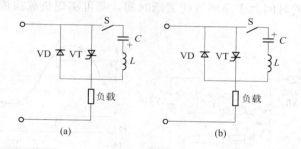

图 5-4 电感耦合式强迫换流原理图

给晶闸管加上反向电压而使其关断的换流叫电压换流，如图 5-3 所示。先使晶闸管电流减为零，然后通过反并联二极管使其加反压的换流叫电流换流，如图 5-4 所示。

上述换流方式中，器件换流适用于全控型器件，其余方式针对晶闸管。器件换流和强迫换流都是因为器件或变流器自身的原因而实现换流的，属于自然换流；电网换流和负载换流不是依靠变流器自身原因，而是借助于外部手段（电网电压或负载电压）来实现换流的，属于外部换流。采用自换流方式的逆变电路称为自然换流逆变电路，采用外部换流方式的逆变电路称为外部换流逆变电路。

课题二 电压型逆变电路

直流侧是电压源的逆变电路称为电压型逆变电路。整流电路的输出接有很大的滤波电容，从逆变电路向直流电源看过去，可以看做内阻很小的电压源。其电路结构图如图 5-5 所示。

电压型逆变电路的特点如下。

（1）直流侧为电压源，或并联大电容，相当于电压源，直流侧电压基本无脉动，直流回路呈

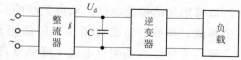

图 5-5 电压型逆变电路结构框图

现低阻抗。电路呈现低阻抗。

（2）由于直流电压源的箝位作用，交流侧输出电压波形为矩形波，并且与负载阻抗无关；而交流侧输出电流因负载阻抗不同而不同。

（3）当交流侧为阻感负载时，需要提供无功功率，直流侧电容起缓冲无功能量的作用。为了给交流侧向直流侧反馈的无功提供通道，逆变桥各臂并联反馈二极管。

下面分别就单相和三相电压型逆变电路进行讨论。

一、单相电压型逆变电路

1．半桥逆变电路

半桥逆变电路原理图如图 5-6（a）所示。它有两个桥臂由一个开关器件和一个反并联二极管组成。在直流侧接有两个相互串联的足够大的电容，两个电容的连接点便成为直流电源的中点。负载连接在直流电源中点和两个桥臂连接点之间。

假设 V_1 和 V_2 栅极信号各半周正偏、半周反偏，且二者互补。输出电压 u_o 为矩形波，其幅值为 $U_m = U_d/2$，输出电流 i_o 波形随负载而异。当为感性负载时，设 t_2 时刻以前 VT_1 为通态，VT_2 为断态。t_2 时刻给 VT_1 关断信号，给 VT_2 开通信号，则 VT_1 关断，但感性负载中的电流 i_o 不能立即改变方向，于是 VD_2 导通续流。当 t_2 时刻 i_o 降为零时，VD_2 截止，VT_2 导通，i_o 开始反向。同样，在 t_4 时刻给 VT_2 关断信号，给 VT_1 开通信号后，VT_2 关断，VD_1 导通续流，t_5 时刻 VT_1 才开通。各段时间内开关器件的导通情况如图 5-6（b）所示。

当 VT_1 或 VT_2 为通态时，负载电流和电压同方向，直流侧向负载提供能量；当 VD_1 或 VD_2 通时，负载电流和电压反向，负载电感中储存的能量向直流侧反馈，即负载电感将其吸收的无功能量反馈回直流侧。反馈回的能量暂时储存在直流侧电容中，直流侧电容起着缓冲无功能量的作用，因为二极管 VD_1、VD_2 是制约向直流侧反馈能量的通道，故称为反馈二极管；又因为 VD_1、VD_2 还起着使负载电流 i_o 连续的作用，又称续流二极管。

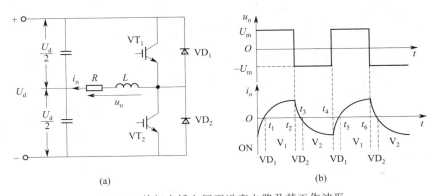

图 5-6　单相半桥电压型逆变电路及其工作波形

该结构优点简单，使用器件少，但是交流电压幅值为 $U_d/2$，直流侧需两电容器串联，要控制两者电压均衡，用于几千瓦以下的小功率逆变电源。

下面介绍的单相全桥、三相桥式都可看成若干个半桥逆变电路的组合。

2．全桥逆变电路

全桥电压型逆变电路的原理图如图 5-7（a）所示，它是由两个半桥电路组合而成，共有 4 个桥臂，VT_1 和 VT_4 作为一对桥臂，VT_2 和 VT_3 作为另一对桥臂，成对的两桥臂同时导通，交替各导通 $180°$。

在直流电压和负载都相同的情况下，全桥逆变电路输出电压 u_o 波形与半桥电路的 u_o 波形相似，也是矩形波，但其幅值高出一倍，$U_m = U_d$；其输出电流 i_o 波形与半桥时波形也相似，幅值也增加一倍。关于无功能量的交换，对于半桥逆变电路的分析也完全适用于全桥逆变电路。下面分析单相全桥逆变电路在感性负载时的工作过程。

$t=0$ 时刻前，VT_2、VT_3 导通，VT_1、VT_4 关断，电源电压反向加在负载上，$u_o = -U_d$。

在 $t=0$ 时刻，负载电流上升到负的最大值，此时关断 VT_2、VT_3，同时驱动 VT_1、VT_4，由于感性负载电流不断立即改变方向，负载流经 VD_1、VD_4 续流，此时由于 VD_1、VD_4 导通，VT_1、VT_4 受反压而不能开通。负载电压 $u_o = +U_d$。

到 t_1 时刻，负载电流下降到零，VD_1、VD_4 自然关断，VT_1、VT_4 在正向电压作用下开始导通。负载电流正向增大，负载电压 $u_o = +U_d$。

到 t_2 时刻，负载电流上升到正的最大值，此时关断 VT_1、VT_4，并驱动 VT_2、VT_3，同样，由于负载电流不能立即换向，负载电流经 VD_2、VD_3 续流，负载电压 $u_o = -U_d$。

到 t_3 时刻，负载电流下降至零，VD_2、VD_3 自然关断，VT_2、VT_3 开通，负载电流反向增大时，负载电压 $u_o = -U_d$。

到 t_4 时刻，负载电流上升到负的最大值，完成一个工作周期。

输出波形如图 5-7(b) 所示。

全桥电压型逆变电路是单相逆变电路中应用最多的。逆变电路采用的是 180°导电方式，即每个桥臂的导电角度为 180°，同一相上、下两个臂交替导通。在这种情况下，要改变输出电压有效值只能改变直流电压 U_d 来实现。因此，可采用移相方式调节逆变电路的输出电压，这种控制方式称为移相调压。

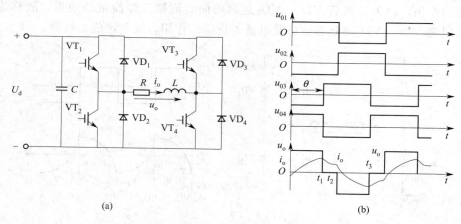

(a)   (b)

图 5-7 单相全桥逆变电路的移相调压方式

二、三相电压型逆变电路

通常，中、大功率的三相负载均采用三相逆变电路，在三相逆变电路中，应用最广的还是三相桥式逆变电路，可看成由三个半桥逆变电路组成。电路原理图如图 5-8 所示，采用 IGBT 作为开关器件。

三相桥式电压型逆变电路的直流通常只要一个电容就可以了，图中把电容分解成两个电容是为了得到假想中点 N'。和单相逆变电路一样，三相桥式逆变电路的基本工作方式也是 180°导电方式，即同一相上、下两个桥臂交替导电，各导通 180°，桥臂 1～桥臂 6 开始导电

的相位依次相差 $60°$。这样，电路任一时刻都有且只有 3 个桥臂导通，三相各有一个桥臂导通，分别是两个上臂一个下臂，或者一个上臂两个下臂，每次换流都是在同一相上下两臂之间进行，也称为纵向换流。器件导通的组合顺序为 $VT_1 VT_2 VT_3$、$VT_2 VT_3 VT_4$、$VT_3 VT_4 VT_5$、$VT_4 VT_5 VT_6$、$VT_5 VT_6 VT_1$、$VT_6 VT_1 VT_2$。

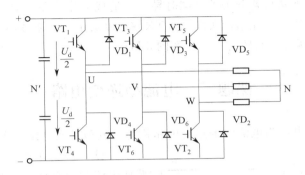

图 5-8　三相桥式电压型逆变电路

在分析三相逆变电路时，对其输出的三相分别用 U 相、V 相、W 相表示。对于 U 相来说，当桥臂 1 导通时，$u_{UN'} = U_d/2$，当桥臂 4 导通时，$u_{UN'} = -U_d/2$，因此 $u_{UN'}$ 的波形是矩形波。V、W 两相的情况和 U 相类似，$u_{VN'}$、$u_{WN'}$ 的波形形状和 $u_{UN'}$ 的相同，只是相位依次相差 $120°$，$u_{UN'}$、$u_{VN'}$、$u_{WN'}$ 波形如图 5-9 所示。

设负载中心点 N 与直流电源假想中心点 N' 之间的电压为 $u_{NN'}$，则负载各相的相电压可由下式求出，

$$\left. \begin{array}{l} u_{UN} = u_{UN'} - u_{NN'} \\ u_{VN} = u_{VN'} - u_{NN'} \\ u_{WN} = u_{WN'} - u_{NN'} \end{array} \right\} \tag{5-1}$$

负载线电压可由下式求出，

$$\left. \begin{array}{l} u_{UV} = u_{UN'} - u_{VN'} \\ u_{VW} = u_{VN'} - u_{WN'} \\ u_{WU} = u_{WN'} - u_{UN'} \end{array} \right\} \tag{5-2}$$

负载中点和电源中点间电压 $u_{NN'}$

$$u_{NN'} = \frac{1}{3}(u_{UN'} + u_{VN'} + u_{WN'}) - \frac{1}{3}(u_{UN} + u_{VN} + u_{WN}) \tag{5-3}$$

设负载为三相对称负载时，则有 $u_{UN} + u_{VN} + u_{WN} = 0$，于是：

$$u_{NN'} = \frac{1}{3}(u_{UN'} + u_{VN'} + u_{WN'}) \tag{5-4}$$

$u_{NN'}$ 的波形如图 5-9 所示，它也是矩形波，但其频率为 $u_{UN'}$ 频率的 3 倍，幅值为 $U_d/6$。即可绘出负载相电压 u_{UN}、u_{VN}、u_{WN} 的波形。

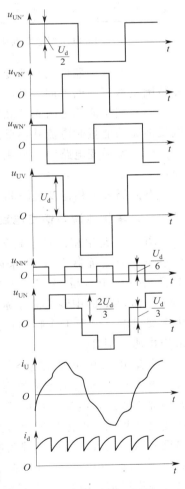

图 5-9　电压型三相桥式逆变电路的工作波形

负载已知时，可由 u_{UN} 波形求出 i_U 波形，一相上下两桥臂间的换流过程和半桥电路相似，桥臂 1、3、5 的电流相加可得直流侧电流 i_d 的波形，i_d 每 60° 脉动一次，直流电压基本无脉动，因此逆变器从直流侧向交流侧传送的功率是脉动的，这是电压型逆变电路的一个特点。

为防止同一相上下两桥臂开关器件同时导通而造成电流短路，对 GTR 的基极控制应采取"先断后通"的方法，即先给应关断的 GTR 基极关断信号，待其关断后再延时给应导通的 GTR 基极信号，两者之间留有一个短暂的死区。

课题三　电流型逆变电路

如前所述，直流电源为电流源的逆变电路称为电流型逆变电路。实际上理想直流电流源并不多见，一般在逆变电路直流侧串联大电感使电流脉动变小，可近似看成直流电流源。电路结构图如图 5-10 所示。

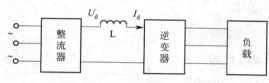

图 5-10　电压型逆变电路结构框图

电流型逆变电路主要特点如下。

（1）直流侧串大电感，相当于电流源。直流侧电流基本无脉动，直流回路呈现高阻抗。

（2）各开关器件仅是改变直流电流流通路径，交流输出电流为矩形波，输出电压波形和相位因负载不同而不同，其波形常接近正弦波。

（3）当交流侧为阻感负载时，需要提供无功功率，直流侧电感起缓冲无功能量的作用，因反馈无功能量时电流并不反向，不必给开关器件反并联二极管。

电流型逆变电路中，采用半控型器件的电路仍应用较多。换流方式有负载换流、强迫换流。

下面仍分单相逆变电路和三相逆变电路来讲述。

一、单相电流型逆变电路

图 5-11 是单相桥式电流型逆变电路的原理图，电路由 4 个晶闸管桥臂构成，每个桥臂均串联一个电抗器 L_T，用来限制晶闸管的电流上升率 di/dt。桥臂 1、4 和桥臂 2、3 以 1000～2500Hz 的中频轮流导通，从而使负载获得中频交流电。由于工作频率较高，开关器件通常采用快速晶闸管。

直流电 U_d 可由整流电路获得，直流侧串联有大电感 L_d，从而构成电流源逆变电路。因为电流源的强制作用，电流不可能反向流动，与电压型逆变电路相比，电流型逆变电路的开关管上不需要反并联二极管。图中负载为感性，所以在交流输出端并联了电容 C，以便在换流时为电感负载电流提供通道、吸收负载电感的储能，这是电流型逆变电路必不可少的组成部分。

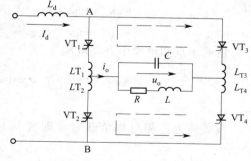

图 5-11　单相桥式电流型（并联谐振式）逆变电路

电流型逆变电路的重要用途之一是中频感应加热。感应加热是使一个中频交流电流过线圈，通过电磁感应在另一个导体中感生出一个电流，用该电流产生的损耗加热物体。

图 5-11 中的负载是由电容 C 和电感 L、R 构成的并联谐振电路，所以称这种逆变电路为并联谐振式逆变电路。较多用于金属的熔炼。透热和淬火的中频加热电源。本电路采用负载换流，要求负载电流超前电压，因此补偿电容应使负载过补偿，以使负载电路总体呈现容性阻抗。

电路的工作波形如图 5-12 所示。当开关 VT$_1$、VT$_4$ 闭合，VT$_2$、VT$_3$ 断开时，直流电流 i_d 由 a 流向 b，负载电流 i_0 为正；当 VT$_2$、VT$_3$ 闭合，VT$_1$、VT$_4$ 断开时，直流电流由 b 流向 a，i_0 为负。所以，i_0 为 180°的方波交流电流。

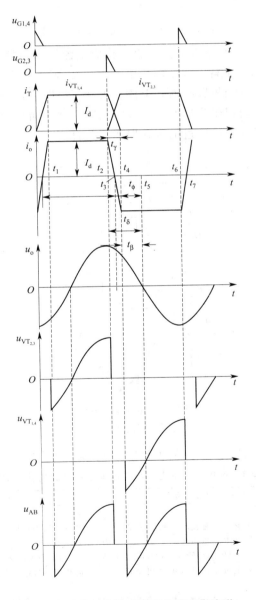

图 5-12　并联谐振式逆变电路工作波形

二、三相电流型逆变电路

电流型三相桥式逆变电路（图 5-13，采用全控型器件）。其输出波形见图 5-14。

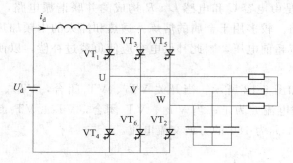

图 5-13　电流型三相桥式逆变电路

直流侧串接的大电感 L_d 使输入电流平直，构成电流源内阻特性。这种电路的基本工作方式是 120°导电方式，即每个臂一周期内导电 120°，按 $VT_1 \sim VT_6$ 的顺序每隔 60°依次触发导通。电路任一时刻都有两个桥臂导通，上桥臂组和下桥臂组各一个，属于横向换流。换流时，为给负载电感中的电流提供流通路径、吸收负载电感中储存的能量，必须在负载端并联三相电容，否则将产生巨大的换流过电压并损坏开关管。

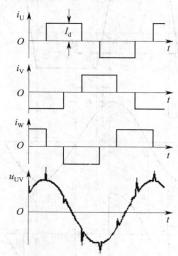

图 5-14　电流型三相桥式
逆变电路的输出波形

电压型逆变电路与电流型逆变电路的性能比较见表 5-1。

表 5-1　电压型逆变电路与电流型逆变电路的性能比较

特点名称	电压型逆变电路	电流型逆变电路
储能元件	电容器	电抗器
输出波形的特点	电压波形为矩形波电流波形近似正弦波	电流波形为矩形波电压波形近似正弦波
回路构成上的特点	有反馈二极管直流电源并联大容量电容(低阻抗电压源)电动机四象限运转需要再生用变流器	无反馈二极管直流电源串联大电感(高阻抗电流源)电动机四象限运转容易
特性上的特点	负载短路时产生过电流开关电动机也可能稳定运转	负载短路时能抑制过电流电动机运转不稳定需要反馈控制
适用范围	适用于作为多台电机同步运行时的供电电源但不要求快速加减的场合	适用于一台变频器给一台电机供电的单电机传动，但可以满足快速启制动和可逆运行的要求

课题四　脉宽调制（PWM）逆变电路

由于近年来新型器件的不断出现以及微机控制技术的发展，为 PWM 控制技术的发展创造了有利条件。PWM 脉宽调制，是靠改变脉冲宽度来控制输出电压，通过改变周期来控制其输出频率。而输出频率的变化可通过改变此脉冲的调制周期来实现。这样，使调压和调频两个作用配合一致，且与中间直流环节无关，因而加快了调节速度，改善了动态性能。由于输出等幅脉冲只需恒定直流电源供电，可用不可控整流器取代相控整流器，使电网侧的功率因数大大改善。利用 PWM 逆变器能够抑制或消除低次谐波。加上使用自关断器件，开关频率大幅度提高，输出波形可以非常接近正弦波。其电路结构图如图 5-15 所示。

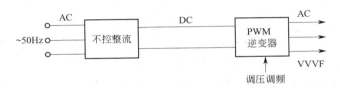

图 5-15　不控制整流器整流、脉宽调制（PWM）逆变器结构框图

现在大量应用的逆变电路中，多数都是 PWM 型逆变电路，且大多是电压型的，本节简要介绍电压型单相和三相 PWM 型逆变电路的工作原理及调制、控制技术。

一、PWM 控制的基本原理

在采样控制理论中有一个重要结论：冲量（脉冲的面积）相等而形状不同窄脉冲（如图 5-16 所示），分别加在具有惯性环节的输入端，其输出响应波形基本相同，也就是说尽管脉冲形状不同，但只要脉冲在面积上相等，其作用的效果基本相同。这就是 PWM 控制的重要理论依据。

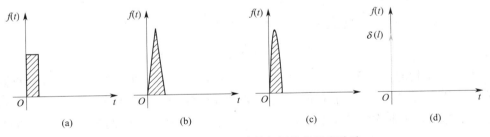

图 5-16　形状不同而冲量相同的各种窄脉冲

如图 5-17 所示，一个正弦半波完全可以用等幅不等宽的脉冲列来等效，但必须做到正弦半波所等分的 6 块阴影面积与相对应的 6 个脉冲列的阴影面积相等，其作用的效果就基本相同，对于正弦波的负半周，用同样方法可得到 PWM 波形来取代正弦负半波。SPWM 波形就是脉冲宽度按正弦规律变化而和正弦波等效的 PWM 波形。

在 PWM 波形中，各脉冲的幅值是相等的，若要改变输出电压等效正弦波的幅值，只要按同一比例改变脉冲列中各脉冲的宽度即可。所以 U_d 直流电源采用不可控整流电路获得，不但使电路输入功率因数接近于 1，而且整个装置控制简单、可靠性高。

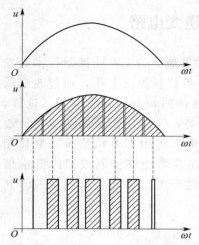

图 5-17　PWM 控制的基本原理示意图

目前中小功率的逆变电路几乎都采用 PWM 技术。逆变电路是 PWM 控制技术最为重要的应用场合。本节内容构成了本章的主体。PWM 逆变电路也可分为电压型和电流型两种，目前实用的几乎都是电压型。

下面分别介绍单相和三相 PWM 型变频电路的控制方法与工作原理。

1. 单相桥式 PWM 变频电路工作原理

电路如图 5-18 所示，U_d 为恒值直流电压，$VT_1 \sim VT_4$ 为电力晶体管 GTR，$VD_1 \sim VD_4$ 为电压型逆变电路所需的反馈二极管。设负载为电感性，控制方法可以有单极性与双极性两种。

（1）单极性 PWM 控制方式工作原理　按照 PWM 控制的基本原理，如果给定了正弦波频率、幅值和半个周期内的脉冲个数，PWM 波形各脉冲的宽度和间隔就可以准确地计算出来。依据计算结果来控制逆变电路中各开关器件的通断，就可以得到所需要的 PWM 波形，但是这种计算很繁琐，较为实用的方法是采用调制控制，如图 5-19 所示的单极性脉宽调制控制波形。把所希望输出的正弦波作为调制信号 u_r，把接受调制的等腰三角形波作为载波信号 u_c。对逆变桥 $VT_1 \sim VT_4$ 的控制方法如下。

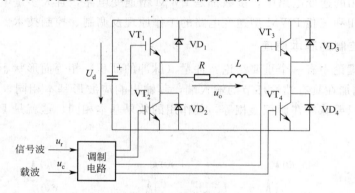

图 5-18　单相桥式 PWM 变频电路

① 当 u_r 正半周时，让 VT_1 一直保持通态，VT_2 保持断态。在 u_r 与 u_c 正极性三角波交点处控制 VT_4 的通断，在 $u_r > u_c$ 各区间，控制 VT_4 为通态，输出负载电压 $u_o = U_d$。在 $u_r < u_c$ 各区间，控制 VT_4 为断态，输出负载电压 $u_o = 0$，此时负载电流可以经过 VD_3 与 VT_1 续流。

② 当 u_r 负半周时，让 VT_2 一直保持通态，VT_1 保持断态。在 u_r 与 u_c 负极性三角波交点处控制 VT_3 的通断。在 $u_r < u_c$ 各区间，控制 VT_3 为通态，输出负载电压 $u_o = -U_d$。在 $u_r > u_c$ 各区间，控制 VT_3 为断态，输出负载电压 $u_o = 0$，此时负载电流可以经过 VD_4 与 VT_2 续流。

逆变电路输出的 u_o 为 PWM 波形，如图 5-19 所示，u_{o1} 为 u_o 的基波分量。由于在这种控制方式中的 PWM 波形只能在一个方向变化，故称为单极性 PWM 控制方式。

逆变电路输出的脉冲调制电压波形对称且脉宽成正弦分布，这样可以减小电压谐波含量。通过改变调制脉冲电压的调制周期，可以改变输出电压的频率，而改变电压的脉冲宽度

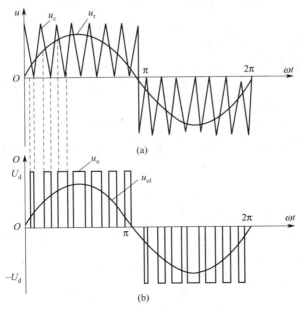

图 5-19　单极性 PWM 控制方式波形

可以改变输出基波电压的大小。也就是说，载波三角波峰值一定，改变参考信号 u_r 的频率和幅值，就可以控制逆变器输出基波电压频率的高低和电压的大小。

（2）双极性 PWM 控制方式工作原理　电路仍然是图 5-18，调制信号 u_r 仍然是正弦波，而载波信号 u_c 改为正负两个方向变化的等腰三角形波，如图 5-20 所示。对逆变桥 VT$_1$～VT$_4$ 的控制方法如下。

① 在 u_r 正半周，当 $u_r > u_c$ 的各区间，给 VT$_1$ 和 VT$_4$ 导通信号，而给 VT$_2$ 和 VT$_3$ 关断信号，输出负载电压 $u_o = U_d$。在 $u_r < u_c$ 的各区间，给 VT$_2$ 和 VT$_3$ 导通信号，而给 VT$_1$ 和 VT$_4$ 关断信号，输出负载电压 $u_o = -U_d$。这样逆变电路输出的 u_o 为两个方向变化等幅不等宽的脉冲列。

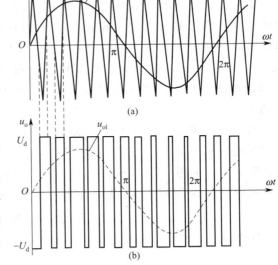

② 在 u_r 负半周，当 $u_r < u_c$ 的各区间，给 VT$_2$ 和 VT$_3$ 导通信号，而给 VT$_1$ 和 VT$_4$ 关断信号，输出负载电压 $u_o = -U_d$。当 $u_r > u_c$ 的各区间，给 VT$_1$ 和 VT$_4$ 导通信号，而给 VT$_2$ 与 VT$_3$ 关断信号，输出负载电压 $u_o = U_d$。

双极性 PWM 控制的输出 u_o 波形，如图　　　　图 5-20　双极性 PWM 控制方式波形
5-20 所示，它为两个方向变化等幅不等宽的脉冲列。这种控制方式特点如下。

① 一平桥上下两个桥臂晶体管的驱动信号极性恰好相反，处于互补工作方式。

② 电感性负载时，若 VT$_1$ 和 VT$_4$ 处于通态，给 VT$_1$ 和 VT$_4$ 以关断信号，则 VT$_1$ 和 VT$_4$ 立即关断，而给 VT$_2$ 和 VT$_3$ 以导通信号，由于电感性负载电流不能突变，电流减小感

生的电动势使 VT_2 和 VT_3 不可能立即导通，而是二极管 VD_2 和 VD_3 导通续流，如果续流能维持到下一次 VT_1 与 VT_4 重新导通，负载电流方向始终没有变，VT_2 和 VT_3 始终未导通。只有在负载电流较小无法连续续流情况下，在负载电流下降至零，VD_2 和 VD_3 续流完毕，VT_2 和 VT_3 导通，负载电流才反向流过负载。但是不论是 VD_2、VD_3 导通还是 VT_2、VT_3 导通，u_o 均为 $-U_d$。从 VT_2、VT_3 导通向 VT_1、VT_4 切换情况也类似。

2. 三相桥式 PWM 变频电路的工作原理

电路如图 5-21 所示，本电路采用 GTR 作为电压型三相桥式逆变电路的自关断开关器件，负载为电感性。从电路结构上看，三相桥式 PWM 变频电路只能选用双极性控制方式，其工作原理如下。

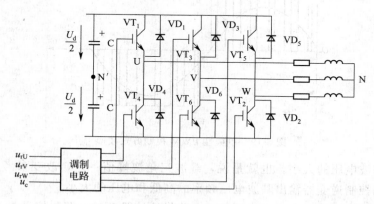

图 5-21　三相桥式 PWM 型逆变电路

三相调制信号 u_{rU}、u_{rV} 和 u_{rW} 为相位依次相差 $120°$ 的正弦波，而三相载波信号是共用一个正负方向变化的三角形波 u_c，如图 5-22 所示。U、V 和 W 相自关断开关器件的控制方法相同，现以 U 相为例：在 $u_{rU} > u_c$ 的各区间，给上桥臂电力晶体管 VT_1 以导通驱动信号，而给下桥臂 VT_4 以关断信号，于是 U 相输出电压相对直流电源 U_d 中性点 N' 为 $u_{UN'} = U_d/2$。在 $u_{rU} < u_c$ 的各区间，给 VT_1 以关断信号，VT_4 为导通信号，输出电压 $u_{UN'} = -U_d/2$。如图 5-22 所示的 $u_{UN'}$ 波型就是三相桥式 PWM 逆变电路，U 相输出的波形（相对 N' 点）。

图 5-21 电路中 $VD_1 \sim VD_6$ 二极管是为电感性负载换流过程提供续流回路，其他两相的控制原理与 U 相相同。三相桥式 PWM 变频电路的三相输出的 PWM 波形分别为 $u_{UN'}$、$u_{VN'}$ 和 $u_{WN'}$，如图 5-22 所示。U、V 和 W 三相之间的线电压 PWM 波形以及输出三相相对于负载中性点 N 的相电压 PWM 波形，读者可按下列计算式求得

线电压
$$\begin{cases} u_{UV} = u_{UN'} - u_{VN'} \\ u_{VW} = u_{VN'} - u_{WN'} \\ u_{WU} = u_{WN'} - u_{UN'} \end{cases} \tag{5-5}$$

相电压
$$\begin{cases} u_{UN} = u_{UN'} - \dfrac{1}{3}(u_{UN'} + u_{VN'} + u_{WN'}) \\ u_{VN} = u_{VN'} - \dfrac{1}{3}(u_{UN'} + u_{VN'} + u_{WN'}) \\ u_{WN} = u_{WN'} - \dfrac{1}{3}(u_{UN'} + u_{VN'} + u_{WN'}) \end{cases} \tag{5-6}$$

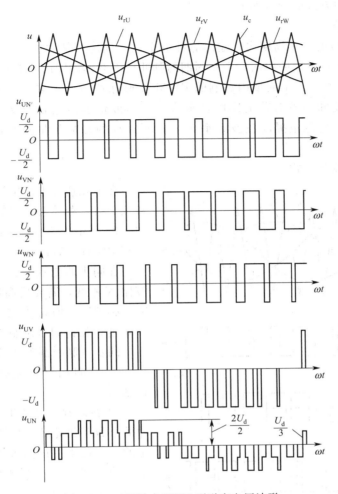

图 5-22　三相桥式 PWM 型逆变电压波形

在双极性 PWM 控制方式中，理论上要求同一相上下两个桥臂的开关管驱动信号相反，但实际上，为了防止上下两个桥臂直通造成直流电源的短路，通常要求先施加关断信号，经过 Δt 的延时才给另一个施加导通信号。延时时间的长短主要由自关断功能率开关器件的关断时间决定。这个延时将会给输出 PWM 波形带来偏离正弦波的不利影响，所以在保证安全可靠换流前提下，延时时间应尽可能取小。

二、PWM 变频电路的调制控制方式

在 PWM 变频电路中，载波频率 f_c 与调制信号频率 f_r 之比称为载波比，即 $N = f_c / f_r$。根据载波和调制信号波是否同步，PWM 逆变电路有异步调制和同步调制两种控制方式，现分别介绍如下。

1. 异步调制控制方式

当载波比 N 不是 3 的整数倍时，载波与调制信号波就存在不同步的调制，就是异步调制三相 PWM，如 $f_c = 10 f_r$，载波比 $N = 10$，不是 3 的整数倍。在异步调制控制方式中，通常 f_c 固定不变，逆变输出电压频率的调节是通过改变 f_r 的大小来实现的，所以载波比 N 也随时跟着变化，就难以同步。

异步调制控制方式的特点如下。

① 控制相对简单。

② 在调制信号的半个周期内，输出脉冲的个数不固定，脉冲相位也不固定，正负半周的脉冲不对称，而且半周期内前后 1/4 周期的脉冲也不对称，输出波形就偏离了正弦波。

③ 载波比 N 愈大，半周期内调制的 PWM 波形脉冲数就愈多，正负半周不对称和半周内前后 1/4 周期脉冲不对称的影响就愈大，输出波形愈接近正弦波。所以在采用异步调制控制方式时，要尽量提高载波频率 f_c，使不对称的影响尽量减小，输出波形接近正弦波。

2. 同步调制控制方式

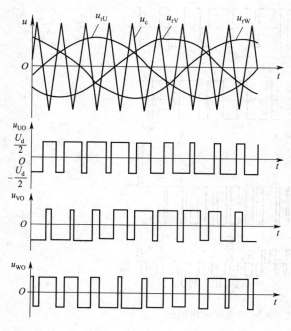

图 5-23　同步调制三相 PWM 波形

在三相逆变电路中当载波比 N 为 3 的整数倍时，载波与调制信号波能同步调制。图 5-23 所示为 $N=9$ 时的同步调制控制的三相 PWM 变频波形。

在同步调制控制方式中，通常保持载波比 N 不变，若要增高逆变输出电压的频率，必须同时增高 f_c 与 f_r，且保持载波比 N 不变，保持同步调制不变。

同步调制控制方式的特点如下。

① 控制相对较复杂，通常采用微机控制。

② 在调制信号的半个周期内，输出脉冲的个数是固定不变的，脉冲相位也是固定的。正负半周的脉冲对称，而且半个周期脉冲排列其左右也是对称的，输出波形等效于正弦。

但是，当逆变电路要求输出频率 f_o 很低时，由于半周期内输出脉冲的个数不变，所以由 PWM 调制而产生 f_o 附近的谐波频率也相应很低，这种低频谐波通常不易滤除，而对三相异步电动机造成不利影响，例如电动机噪声变大、振动加大等。

为了克服同步调制控制方式低频段的缺点，通常采用"分段同步调制"的方法，即把逆变电路的输出频率范围划分成若干个频率段，每个频率段内都保持载波比为恒定，而不同频率段所取的载波比不同。

① 在输出高频率段时，取较小的载波比，这样载波频率不致过高，能在功率开关器件所允许的频率范围内。

② 在输出频率为低频率段时，取较大的载波比，这样载波频率不致过低，谐波频率也较高且幅值也小，也易滤除，从而减小了对异步电动机的不利影响。

综上所述，同步调制方式效果比异步调制方式好，但同步调制控制方式较复杂，一般要用微机进行控制。也有的电路在输出低频率段时采用异步调制方式，而在输出高频率段时换成同步调制控制方式。这种综合调制控制方式，其效果与分段同步调制方式相接近。

三、SPWM 波形的生成

按照前面讲述的 PWM 逆变电路的基本原理和控制方法，人们知道 SPWM 的控制就是根据三角波载波和正弦调制波用比较器来确定它们的交点，在交点时刻对功率开关器件的通断进行控制。这个任务可以用模拟电子电路、数字电路或专用的大规模集成电路芯片等硬件电路来完成，但这种模拟电路结构复杂，难以实现精确地控制。微机控制技术的发展使得用软件生成 SPWM 波形变得比较容易，因此可以用计算机通过软件生成 SPWM 波形。在计算机控制 SPWM 变频器中，SPWM 信号一般由软件加接口电路生成。如何计算 SPWM 的开关电，是 SPWM 信号生成中的一个难点，也是当前人们研究的一个热门课题。目前常采用软件来生成 SPWM 波形，基本算法有：自然采样法、规则采样法、低次谐波消去法等。

除了用微机生成 SPWM 波形外，用专门产生 SPWM 波形的大规模集成电路芯片也得到了较多的应用。较早推出的这类专用芯片是 HEF4752。芯片的输入控制信号全为数字量，适合于微机控制。SLE4520 是另一种专用 SPWM 芯片，其开关频率和输出频率分别可达到 20kHz 和 2.6kHz，有三个输出通道提供三相逆变桥 6 个 20mA 电流的驱动信号，可用来驱动 IGBT 逆变电路。采用专用芯片可简化硬件电路和软件设计，降低成本，提高可靠性。

课题五 应用电路——电磁炉

在电饭煲和煤气加热过程中，大量热量逸出到外面，造成热效率下降和能源的浪费。感应加热可以避免上述加热方法的缺点。采用感应加热原理的电磁炉的结构如图 5-24 所示。220V 交流电经桥式整流器转换为直流电，再经电压谐振变换器变换成频率为 20～30kHz 的交流电供给感应线圈。当感应线圈中感应高频电流时放置在它上方的金属圆形锅底感应出高频电流，并加热金属圆形锅底。电压谐振变换器是低开关损耗的零电压转换（ZVS）型变换器，由微处理器控制功率开关管的驱动信号，完成功率开关管的开关过程。电路结构如图5-25 所示。

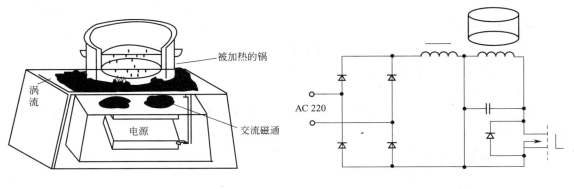

图 5-24 电磁炉结构   图 5-25 电磁炉的高频电源

电磁炉的加热圈盘与负载（锅具）可以看做是一个空心变压器，次级负载具有等效的电感和电阻，将次级的负载电阻和电感折合到初级，可以得到如图 5-26 所示的等效电路。其中，R_A 是次级电阻反射到初级的等效负载电阻，L_A 是次级电感反射到初级并与初级电感相叠加后的等效电感。

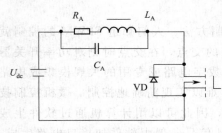

图 5-26　电磁炉的等效电路

图 5-27 所示为电磁炉主电路原理，220V、50/60Hz 的交流电经熔断器 FU_1，再通过由 R_{Z1}、CT_1 组成的滤波电路以及电流互感器至桥式整流器 BQ，产生脉动的直流电压，通过扼流线圈 L_1 提供给主回路使用。整流器 BQ 主要进行 AC-DC 转换，其核心器件是整流桥堆。它将输入的 220V 交流电变换成脉动直流电，然后经过 L 型滤波电路（由电感线圈 L_1 和电容 C）进行滤波，输出平滑的直流电。

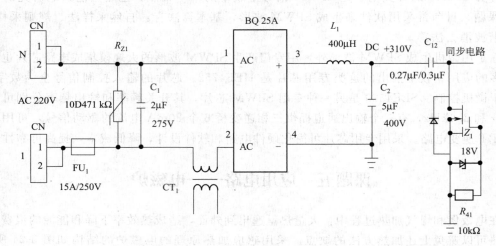

图 5-27　电磁炉主电路原理

实践技能训练

实训　单相正弦波脉宽调制（SPWM）逆变电路调试

一、实训目标

（1）熟悉单相交直交变频电路原理及电路组成。

（2）熟悉 ICL8038 的功能。

（3）掌握 SPWM 波产生的机理。

（4）分析交直交变频电路在不同负载时的工作情况和波形，并研究工作频率对电路工作波形的影响。

二、实训设备及仪器

① DJK01 电源控制屏。

② DJK06 给定及实验器件。

③ DJK09 单相调压与可调负载。

④ DJK14 单相交直交变频原理。

⑤ 双踪示波器。

⑥ 万用表。

三、实训内容

（1）控制信号的观测。

（2）带电阻及电阻电感性负载。

（3）带电机负载（选做）。

四、实训线路及原理

采用 SPWM 正弦波脉宽调制，通过改变调制频率，实现交直交变频的目的。实验电路由三部分组成：即主电路、驱动电路和控制电路。

1. 主电路部分

如图 5-28 所示，交直流变换部分（AC/DC）为不可控整流电路（由实验挂箱 DJK09 提供）；逆变部分（DC/AC）由四只 IGBT 管组成单相桥式逆变电路，采用双极性调制方式。输出经 LC 低通滤波器，滤除高次谐波，得到频率可调的正弦波（基波）交流输出。

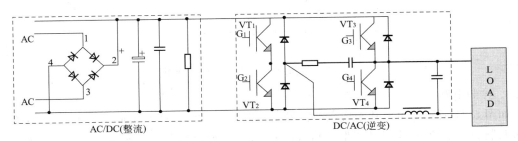

图 5-28　主电路结构原理图

2. 驱动电路

如图 5-29 所示，采用 IGBT 管专用驱动芯片 M57962L，其输入端接控制电路产生的 SPWM 信号，其输出可用以直接驱动 IGBT 管。

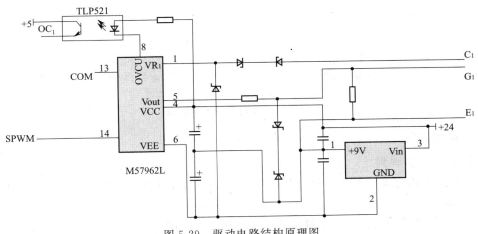

图 5-29　驱动电路结构原理图

3. 过电流保护电路

如图 5-30 所示，通过检测 IGBT 管的饱和压降来判断 IGBT 是否过流，过流时 IGBT 管

CE 结之间的饱和压降升到某一定值，使 8 脚输出低电平，在光耦 TLP521 的输出端 OC₁ 呈现高电平，经过流保护电路，使 4013 的输出 Q 端呈现低电平，输送到控制电路，起到了封锁保护作用。

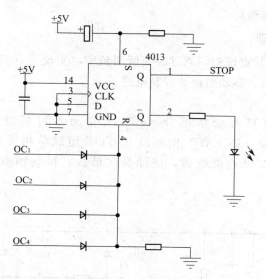

图 5-30　过电流保护电路结构原理图

4. 控制电路

如图 5-31 所示，由两片集成函数信号发生器 ICL8038 为核心组成，其中一片 8038 产生正弦调制波 U_r，另一片用以产生三角载波 U_c，将此两路信号经比较电路 LM311 异步调制后，产生一系列等幅，不等宽的矩形波 U_m，即 SPWM 波。U_m 经反相器后，生成两路相位相差 180° 的 ±PWM 波，再经触发器 CD4528 延时后，得到两路相位相差 180° 并带一定死区范围的两路 SPWM₁ 和 SPWM₂ 波，作为主电路中两对开关管 IGBT 的控制信号。

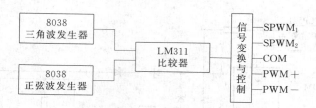

图 5-31　控制电路结构框图

五、实训方法

1. 控制信号的观测

在主电路不接直流电源时，打开控制电源开关，并将 DJK14 挂箱左侧的钮子开关拨到"测试"位置。

（1）观察正弦调制波信号 U_r 的波形，测试其频率可调范围。

（2）观察三角载波 U_c 的波形，测试其频率。

（3）改变正弦调制波信号 U_r 的频率，再测量三角载波 U_c 的频率，判断是同步调制还是异步调制。

（4）比较"PWM＋"，"PWM－"和"SPWM$_1$"，"SPWM$_2$"的区别，仔细观测同一相上下两管驱动信号之间的死区延迟时间。

2．带电阻及电阻电感性负载

在实验步骤 1 之后，将 DJK14 挂箱面板左侧的钮子开关拨到"运行"位置，将正弦调制波信号 U_r 的频率调到最小，选择负载种类。

（1）将输出接灯泡负载，然后将主电路接通由控制屏左下侧的直流电源（通过调节单相交流自耦调压器，使整流后输出直流电压保持为 200V）接入主电路，由小到大调节正弦调制波信号 U_r 的频率，观测负载电压的波形，记录其波形参数（幅值、频率）。

（2）接入 DJK06 给定及实验器件和 DJK02 上的 100mH 电感串联组成的电阻电感性负载，然后将主电路接通由 DJK09 提供的直流电源（通过调节交流侧的自耦调压器，使输出直流电压保持为 200V），由小到大调节正弦调制波信号 U_r 的频率观测负载电压的波形，记录其波形参数（幅值、频率）。

3．带电机负载（选做）

主电路输出接 DJ21-1 电阻启动式单相交流异步电动机，启动前必须先将正弦调制波信号 U_r 的频率调至最小，然后将主电路接通由 DJK09 提供的直流电源，并由小到大调节交流侧的自耦调压器输出的电压，观察电机的转速变化，并逐步由小到大调节正弦调制波信号 U_r 的频率，用示波器观察负载电压的波形，并用转速表测量电机的转速的变化，并记录之。

六、实训报告要求

（1）根据实训测试结果填写上述的表格。

（2）讨论、分析实验中出现的各种现象。

思考题与习题

1．无源逆变电路和有源逆变电路的区别有哪些？

2．逆变器有哪些类型？其最基本的应用领域有哪些？

3．什么是电压型逆变电路和电流型逆变电路？各有什么特点？

4．换流方式各有哪几种？各有什么特点？

5．电压型中反馈二极管的作用是什么？为什么电流型逆变电路中没有反馈二极管？

6．写出电流型三相桥式逆变电路的换流顺序。

7．试说明 PWM 控制的工作原理。

项目六　直流斩波器

【学习目标】
- 掌握直流斩波器的基本概念和工作原理。
- 掌握直流斩波器的基本电路。

课题一　直流斩波器的工作原理

人们在生产和生活中需要用到各种各样的电源，而且要求电源电压根据不同的场合和不同的设备可以调节。交流电可以用变压器实现高效、方便地改变电压；但是直流电在改变电压时却比较困难，特别是在大功率电路中。直流电源如何高效、方便地调压的问题一直困扰电气工程领域几十年。全控型电力电子器件的推广应用，给直流调压技术开辟了崭新的前景。

将直流电源的恒定直流电压，通过电力电子器件的开关作用，变化为可调直流电压的装置称为直流斩波器即 DC/DC 变换器。直流斩波技术被广泛地应用于开关电源及直流电动机驱动中，如不间断电源（UPS）、地铁列车、蓄电池供电的机动车辆的无级变速及电动汽车的控制。直流斩波系统的结构如图 6-1 所示，由于变换器的输入是电网电压经不可控整流而来的直流电压，所以直流斩波不仅能起到调压的作用，同时还能起到有效地抑制电网侧谐波电流的作用。

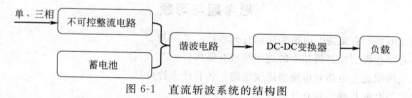

图 6-1　直流斩波系统的结构图

最基本的降压式斩波电路如图 6-2 所示：T 为斩波开关，是斩波电路中的关键功率器件，它可用普通型晶闸管、可关断晶闸管 GTO 或者其他自关断器件来实现。但是普通型晶闸管本身无自关断能力，须设置换流回路，用强迫换流的方法使它关断，因而增加了损耗。全控型电力电子器件的出现，为斩波频率的提高创造了条件，提高斩波频率可以减少低频谐波分量，降低对滤波元件的要求，减小变换装置体积和重量。采用自关断器件，省去了换流回路，利于提高斩波器的频率，是发展的方向。

当开关 T 合上时，直流电压就加到 R 上，并持续 t_{on} 时间。当开关切断时，负载上的电压为零，并持续 t_{off} 时间，那么 $T_s = t_{on} + t_{off}$ 为斩波器的工作周期，斩波器的输出波形如图 6-3 所示。可以定义上述电路中开关的占空比

$$D = \frac{t_{on}}{T_s} \tag{6-1}$$

式中，T_s 为开关 T 的工作周期，t_{on} 为开关 T 的导通时间。

由波形图可得到输出电压平均值为

$$U_o = \frac{1}{T} \int_0^{t_{on}} U_d d_t = \frac{t_{on}}{T_s} U_d = D U_d \tag{6-2}$$

式中，U_d 为输入电压。因为 D 是 $0\sim1$ 之间变化的系数，因此在 D 变化范围内输出电压 U_o 总是小于输入电压 U_d，改变 D 值就可以改变输出电压平均值的大小。而占空比的改变可以通过改变 t_{on} 或 T_s 来实现。通常直流变换电路的工作方式有三种。

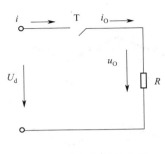 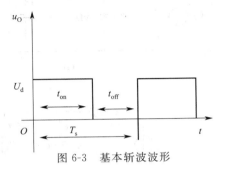

图 6-2　基本的斩波电路　　　　　　　　　　图 6-3　基本斩波波形

（1）脉冲频率调试工作方式：即维持 t_{on} 不变，改变 T_s。在这种调试方式中，由于输出电压波形的周期是变化的，因此输出谐波的频率也是变化的，这使得滤波器的设计比较困难，输出波形谐波干扰严重，一般很少采用。

（2）脉宽调制工作方式：即维持 T_s 不变，改变 t_{on}。在这种调制方式中，输出电压波形的周期是不变的，因此输出谐波的频率也是不变的，这使得滤波器的设计变得较为容易。

（3）调频调宽混合控制：这种控制方式不但改变 t_{on}，也改变 T_s。这种控制方式的特点是：可以大幅度地变化输出，但也存在着由于频率变化所引起的设计滤波器较难的问题。

课题二　直流斩波器的基本电路

一、降压式斩波变换电路

降压式斩波电路的输出电压平均值低于输入直流电压 U_d。这种电路主要用于直流可调电源和直流电动机驱动中。降压式斩波变换电路的基本形式如图 6-4（a）所示。图中开关 T 可以是各种全控型电力器件，VD 为续流二极管，其开关速度应与开关 T 同等级，常用快恢复二极管。L、C 分别为滤波电感和电容，组成低通滤波器，R 为负载。为了简化分析，作如下假设：T、VD 是无损耗的理想开关，输入直流电源 U_d 是理想电压源，其内阻为零，L、C 中的损耗可忽略，R 为理想负载。

在图 6-4（a）所示的电路中，当触发脉冲在 $t=0$ 时，使开关 T 导通时，即在 t_{on} 期间，电感 L 中有电流流过，二极管 VD 反向偏置，导致电感两端呈现正电压 $u_L=U_d-u_o$，在该电压作用下电感中的电流 i_L 线性增长，同时直流电源对电容 C 进行充电，两端电压 u_c（负载 R 的端电压 u_o 与之相同）也呈线性增加。其等效电路如图 6-4（b）所示，图中电流 i_L、i_c、i_o 均呈线性增加。当触发脉冲在 $t=DT_s$ 时刻使开关 T 断开而处于 t_{off} 期间，由于电感已储存了能量，VD 导通，i_L 经 VD 续流，此时 $u_L=-u_o$，电感 L 中的电流 i_L 线性衰减，其等效电路如图 6-4（c）所示。图 6-4（d）是各电量的波形图。

由波形图 6-4（d）可以计算输出电压的平均值为

$$U_o = \frac{1}{T_s}\int_0^{T_s} u_o(t)\,\mathrm{d}t = \frac{1}{T_s}\left[\int_0^{t_{on}} u_o(t)\,\mathrm{d}t + \int_{t_{on}}^{T_s} u_o(t)\,\mathrm{d}t\right] = \frac{t_{on}}{T_s}U_d = DU_d \qquad (6\text{-}3)$$

上式中 U_d 为输入直流电压，因为 D 是 $0\sim1$ 之间变化的系数，因此在 D 变化的范围内，

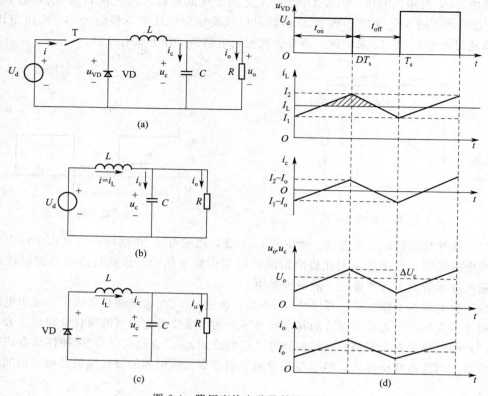

图 6-4 降压变换电路及其波形图

输出电压 U_o 总是小于输入电压 U_d，输出功率等于输入功率，即

$$P_o = P_d$$

即

$$U_o I_o = U_d I_d \qquad (6-4)$$

因此，输入电流 I_d 与负载电流 I_o 的关系为

$$I_o = \frac{U_d}{U_o} I_d = \frac{1}{D} I_d \qquad (6-5)$$

降压变换电路有两种可能的运行情况：电感电流连续模式和电感电流断流模式。电感电流连续是在图 6-4(a) 所示的电路中，电感电流在整个开关周期 T_s 中都存在，如图 6-5(a) 所示；电感电流断流是指在开关 T 断开的 t_{off} 期间后期内，输出电感的电流已降为零，如图 6-5(c) 所示，处于这两种工作情况的临界点称为电感电流临界连续状态。这时在开关管阻断期结束时，电感电流刚好降为零，如图 6-5(b) 所示。电感中的电流 i_L 是否连续取决于开关频率、滤波电感 L 和电容 C 的数值。下面分析电感电流 i_L 连续时的工作情况。

在 t_{on} 期间，开关 T 导通，根据等效电路图 6-4(b)，可得出电感上的电压为

$$u_L = L \frac{di_L}{dt}$$

在这期间由于电感 L 和电容 C 无损耗，因此 i_L 从 I_1 线性增长至 I_2，则电感上电压的平均值由上式可写成

$$U_d - U_o = L \frac{I_2 - I_1}{t_{on}} = L \frac{\Delta I_L}{t_{on}}$$

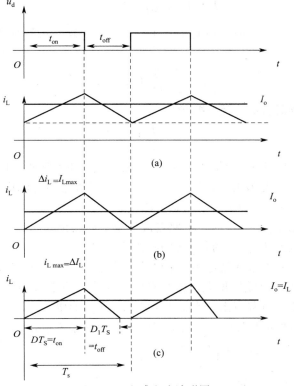

图 6-5　电感电流波形图

$$t_{on} = \frac{(\Delta I_L)L}{U_d - U_o} \qquad (6\text{-}6)$$

式中，ΔI_L 为电感上电流在 t_{on} 期间的变化量，U_o 为输出电压的平均值。在 t_{off} 期间，T 关断，VD 导通续流。电感上的电压平均值与输出电压平均值相同，依据假设条件，电感中的电流 i_L 从 I_2 线性下降至 I_1，则有

$$U_o = L\frac{\Delta I_L}{t_{off}}$$

$$t_{off} = L\frac{\Delta I_L}{U_o} \qquad (6\text{-}7)$$

同时考虑式(6-6) 和式(6-7) 可得

$$T_s = \frac{1}{f} = t_{on} + t_{off} = \frac{\Delta I_L L U_d}{U_o(U_d - U_o)} \qquad (6\text{-}8)$$

由上式可求出

$$\Delta I_L = \frac{U_o(U_d - U_o)}{fLU_d} = \frac{U_d D(1-D)}{fL} \qquad (6\text{-}9)$$

式中，ΔI_L 为流过电感电流的峰-峰值，最大为 I_2，最小为 I_1。电感电流周期内的平均值与负载电流 I_o 相等，即

$$I_o = \frac{I_2 + I_1}{2} \qquad (6\text{-}10)$$

将式(6-9)、式(6-10) 同时代入式 $\Delta I_L = I_2 - I_1$，可得

$$I_1 = I_o - \frac{U_d T_s}{2L} D(1-D) \tag{6-11}$$

当电感电流处于临界状态时，应有 $I_1 = 0$，代入式(6-11) 可得维持电流临界连续的电感值 L_o 为

$$L_o = \frac{U_d T_s}{2I_o} D(1-D) \tag{6-12}$$

电感电流临界连续时负载电流平均值为

$$I_{oK} = \frac{U_d T_s}{2L_o} D(1-D) \tag{6-13}$$

很明显，临界负载电流 I_{oK} 与输入电压 U_d、电感 L、开关频率 f 以及开关 T 的占空比 D 都有关。开关频率越高、电感越大、I_{oK} 越小，越容易实现电感电流连续工作的情况。

（1）当实际负载电流 $I_o > I_{oK}$ 时，电感电流连续。

（2）当实际负载电流 $I_o = I_{oK}$ 时，电感电流处于临界连续状态。

（3）当实际负载电流 $I_o < I_{oK}$ 时，电感电流断流。

在降压变换电路中，如果滤波电容 C 的容量足够大，则输出电压 U_o 为常数，然而在电容 C 为有限值的情况下，直流输出电压将会有纹波成分。假定 i_L 中所有的纹波分量都流过电容，而其平均分量流过负载电阻。在图 6-4(d) i_L 的波形中，当 $i_L < I_L$ 时，C 对负载 $T_s/2$ 时间内电容充电或放电的电荷量可用波形图中阴影面积来表示，即

$$\Delta Q = \frac{1}{2}\left(\frac{DT_s}{2} + \frac{T_s - DT_s}{2}\right)\frac{\Delta I_L}{2} = \frac{T_s}{8}\Delta I_L \tag{6-14}$$

纹波电压的峰-峰值 ΔU_o 为

$$\Delta U_o = \frac{\Delta Q}{C}$$

代入式(6-14) 得

$$\Delta U_o = \frac{\Delta I_L}{8fC}$$

结合式(6-9) 有

$$\Delta U_o = \frac{U_o(U_d - U_o)}{8LCf^2 U_d} = \frac{U_d D(1-D)}{8LCf^2} = \frac{U_o(1-D)}{8LCf^2} \tag{6-15}$$

所以电流连续时的输出电压纹波系数为

$$\frac{\Delta U_o}{U_o} = \frac{(1-D)}{8LCf^2} = \frac{\pi^2}{2}(1-D)\left(\frac{f_c}{f}\right)^2 \tag{6-16}$$

式中，$f = \frac{1}{T_s}$ 是降压变换电路的开关频率；$f_c = \frac{1}{2\pi\sqrt{LC}}$ 是电路的截止频率。它表明通过选择合适的 L、C 的值，当满足 $f_c < f$ 时，可用限制输出纹波电压的大小，而且纹波电压的大小与负载无关。

二、升压式斩波变换电路

输出电压的平均值高于输入电压的变换电路称为升压变换电路，又叫 Boost 电路。它可用于直流稳压电源和直流电机的再生制动。

升压直流变换电路的基本形式如图 6-6（a）所示。图中 T 为全控型电力器件组成的开关，VD 是快恢复二极管。在理想条件下，当电感 L 中的电流 i_L 连续时，电路的工作波形如图 6-6（d）所示。

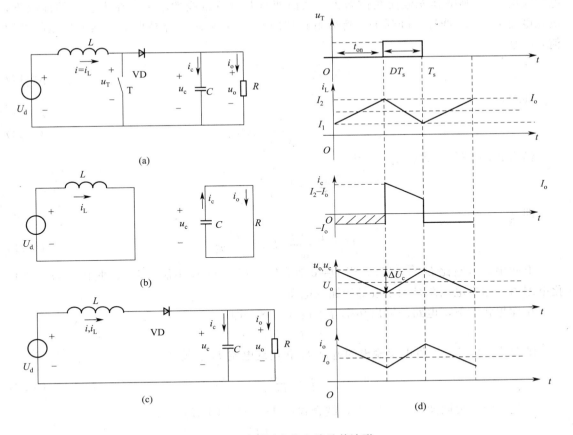

图 6-6　升压型变换电路及其波形

当开关 T 在驱动信号的作用下导通时，电路处于 t_{on} 工作期间，二极管承受反偏电压而截止。一方面，电能从直流电源输入并储存到电感 L 中，使电感电流 i_{L} 从 I_1（最小值）线性增加至 I_2（最大值）；另一方面，负载 R 由电容 C 提供能量，即在此期间将 C 中储存的能量传送给负载 R，使电容 C 上的电压 u_{c} 线性减小，放电电流 i_{c}、负载电流线性减小，二者的绝对值相等。由于电容放电电流的方向如图 6-6(b) 所示，与图 6-6(a) 中所示的参考方向相反，因此为负值。很明显，L 中的感应电动势的平均值与 U_{d} 相等，即

$$U_{\mathrm{L}}=U_{\mathrm{d}}=L\,\frac{I_2-I_1}{t_{\mathrm{on}}}=L\,\frac{\Delta I_{\mathrm{L}}}{t_{\mathrm{on}}} \tag{6-17}$$

或

$$t_{\mathrm{on}}=\frac{L}{U_{\mathrm{d}}}\Delta I_{\mathrm{L}} \tag{6-18}$$

上式中 ΔI_{L} 为电感 L 中电流的变化量。

当 T 断开时，电路处在 t_{off} 工作期间，二极管 VD 导通，由于电感中的电流不能突变产生感应电动势阻止电流减小，因此在断开 T 的瞬间 i_{L} 保持不变，此后电感中储存的能量经二极管给电容充电，同时也向负载 R 提供能量，所以电感电流 i_{L} 线性减小。由于电容两端的电压不能突变，在 T 断开瞬间保持电压不变，而电流 i_{c} 因电感 L 对其充电，方向与图 6-6(a) 所示的方向相同，因而在 T 关断时变为正电，大小随电感电流 i_{L} 的减小而线性下降，

电容端电压 u_c 则随其充电而线性增大，从而使负载电流也线性增加。在无损耗的前提下，电感电流 i_L 从 I_1 线性下降到 I_2，等效电路如图 6-6(c) 所示。容易得出电感上电压的平均值 U_L 为

$$U_L = U_o - U_d = L\frac{\Delta I_L}{t_{off}} \tag{6-19}$$

或

$$t_{off} = \frac{L}{U_o - U_d}\Delta I_L \tag{6-20}$$

结合式(6-17) 和式(6-19) 可得

$$\frac{U_d t_{on}}{L} = \frac{U_o - U_d}{L}t_{off}$$

即

$$U_o = \frac{t_{on} + t_{off}}{t_{off}}U_d = \frac{U_d}{1-D} \tag{6-21}$$

上式中，占空比 $D = t_{on}/T_s$。当 $D=0$ 时，$U_o = U_d$，但 D 不能为 1，因此在 $0 \leqslant D < 1$ 变化范围内，输出电压总是大于或等于输入电压。

在理想状态下，电路的输出功率等于输入功率，即

$$U_o I_o = U_d I_d$$

结合式 (6-21) 可得电源输出的电流 I_d 和负载电流 I_o 的关系为

$$I_d = \frac{I_o}{1-D} \tag{6-22}$$

变化器的开关周期 $T = t_{on} + t_{off}$，结合式(6-18) 和式(6-20) 可得

$$T = t_{on} + t_{off} = \frac{LU_o}{U_d(U_o - U_d)}\Delta I_L \tag{6-23}$$

$$\Delta I_L = \frac{U_d(U_o - U_d)}{fLU_o} = \frac{U_d D}{fL} \tag{6-24}$$

上式中，$\Delta I_L = I_2 - I_1$ 为电感电流的峰-峰值，因此输出电流的平均值为

$$I_o = \frac{I_2 + I_1}{2}$$

将上面 ΔI_L、I_o 的关系式代入式(6-24) 中，可得

$$I_1 = I_o - \frac{DT_s}{2L}U_d \tag{6-25}$$

当电流处于临界状态时，$I_1 = 0$ 则可求出电流临界连续状态时的电感值为

$$L_o = \frac{DT_s}{2I_o}U_d \tag{6-26}$$

电感电流临界连续状态时的负载电流平均值为

$$I_{ok} = \frac{DT_s}{2L_o}U_d = \frac{D}{2fL_o}U_d \tag{6-27}$$

式中，I_{ok} 为电感电流临界连续状态时的负载电流平均值。

很明显，临界负载电流 I_{ok} 与输入电压 U_d、电感 L、开关频率 f 以及开关 T 的占空比 D 都有关系。开关频率 f 越高、电感 L 越大、I_{ok} 越小，越容易实现电感电流连续工作情况。

（1）当实际负载电流 $I_o > I_{ok}$ 时，电感电流连续。

（2）当实际负载电流 $I_o = I_{ok}$ 时，电感电流处于临界连续状态。

（3）当实际负载电流 $I_o < I_{ok}$ 时，电感电流断流。

由此可见，电感电流连续时升压变换电路的工作分为两个阶段：导通时为电感 L 储能阶段，此时电源不向负载提供能量，负载靠储于电容 C 的能量维持工作；T 关断时，电源盒电感共同向负载供电，同时还给电容 C 充电。升压变换电路电源的输入电流就是升压电感 L 的电流，电流平均值 $I_o = \dfrac{I_2 + I_1}{2}$。开关 T 和二极管 VD 轮流工作，T 导通时，电感电流 i_L 流过 T；T 关断时，VD 导通时电感电流 i_L 流过 VD。电感电流 i_L 是 T 导通时的电流和 VD 导通时的电流的合成。在周期 T_s 的任何时刻 i_L 都不为零，即电感电流连续。稳态工作时，电容 C 充电量等于放电量，通过电容的平均电流为零，故通过二极管 VD 的电流平均值就是负载电流 I_o。

经分析可知，输出电压的纹波为三角波，假设二极管电流 i_{VD} 中所有纹波分量流过电容器，其平均电流流过负载电阻。稳态工作时，电容 C 充电量等于放电量，通过电容的平均电流为零，图 6-6(d) 中 i_C 波形的阴影面积反映了一个周期内电容 C 中电荷的释放量。

实际中，选择电感电流的增量 ΔI_L 时，应使电感的峰值电流（$I_d + \Delta I_L$）不大于最大平均直流输入电流 I_d 的 20%，以防止电感 L 饱和失效。

稳态运行时，开关 T 导通期间，电源输入到电感 L 中的磁能在 T 截止期间通过二极管 VD 转移到输出端，如果负载电流很小，就会出现电流断流情况。如果负载电阻变得很大，负载电流太小，这时如果占空比 D 仍不减小，t_{on} 不变，电源输入到电感的磁能必使输出电压 U_o 不断增加，因此没有电压闭环调节的升压变换电路不宜在输出端开路情况下使用。

升压变化电路的效率很高，一般可达 92% 以上。

三、升降压式斩波变换电路

升降压式斩波电路是由降压式和升压式两种基本变换电路混合串联而成，它主要用于可调直流电源。如图 6-7 所示，此电路的输出与输入有公共接地端，输出电压的幅值可以高于或低于输入电压，其极性为负。稳态时输出电压与输入电压之间的变化是两级变换电路变化的乘积，若两级变换电路的占空比相同，则有

$$\frac{U_o}{U_d} = k\,\frac{1}{1-k} \tag{6-28}$$

上式表明输出电压可以高于或低于输入电压，其数值大小取决于占空比 k 的大小。

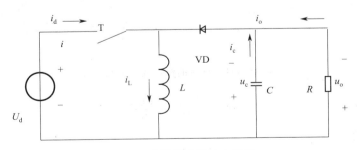

图 6-7 升降压式斩波电路图

当斩波开关 T 导通时，输入端向电感提供能量，此时二极管 VD 处于反向偏置。当斩波开关断开时，电感中储存的能量传递给输出端所接的负载。在这段时间内，能量并不从输

入端提供。在稳态分析中，同样假定输出电容足够大，并保证输出电压不变即 $u_o(t)=U_o$。以下就电流连续导通与非连续导通的两种工作方式进行分析。

1. 电流连续导通的工作方式

连续导通模式时，升降压式斩波器电路中的电压和电流波形如图 6-8(a) 所示。而图 6-8(b) 和图 6-8(c) 则分别表示当开关 T 在导通(t_{on})与关断(t_{off})区段的等效电路。

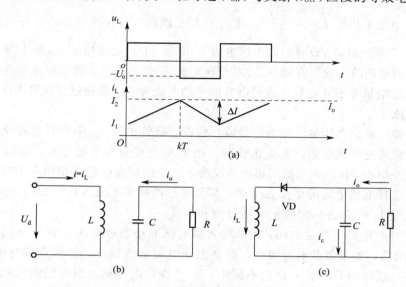

图 6-8 电流连续时的等效电路及波形图

图 6-9 则表示临界连续导通时的电压、电流波形。在关断期间的终点处 i_L 刚好为零，即

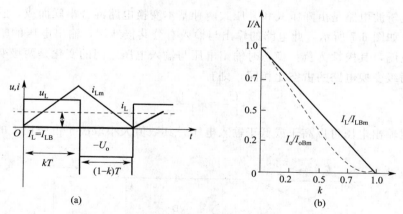

图 6-9 电流临界连续时的波形及电流与 k 关系曲线

$$I_{LB} = \frac{1}{2} i_{Lm} = \frac{TU_d}{2L} k \tag{6-29}$$

由图 6-7 可得

$$I_o = I_L - I_d \tag{6-30}$$

根据式(6-29)和式(6-30)，可得出在临界连续导通时电感电流和输出电流为

$$I_{LB} = \frac{TU_o}{2L} (1-k) \tag{6-31}$$

$$I_o = \frac{TU_o}{2L}(1-k)^2 \tag{6-32}$$

在升降压变换电路的应用中，多数场合要求 U_o 维持不变，U_d 可以变化。由式（6-31）和式（6-32）可得，在 $k=0$ 时，I_{LB} 和 I_o 均可得到最大值为

$$I_{LBmax} = I_{omax} = \frac{TU_o}{2L} \tag{6-33}$$

用最大值表示的电感电流和输出电流为

$$I_{LB} = I_{LBmax}(1-k) \tag{6-34}$$

$$I_o = I_{omax}(1-k)^2 \tag{6-35}$$

图 6-9（b）表示在 U_o 不变时，I_{LB}、I_o 与占空比 k 的函数关系曲线。

2. 电流不连续导通工作模式

升降压式斩波电路在非连续导通模式时，电感上的电压和流过的电流波形如图 6-10 所示。根据与前述同样的道理可以推出下述关系

$$\frac{U_o}{U_d} = \frac{k}{\Delta_1}$$

$$\frac{I_o}{I_d} = \frac{\Delta_1}{k}$$

由图 6-10 可以得出流过电感中的电流平均值为

$$I_L = \frac{U_d}{2L}kT(k+\Delta_1) \tag{6-36}$$

通常 U_o 保持不变，以 U_o/U_d 为参变量，占空比 k 与负载电流的关系为

$$k = \frac{U_o}{U_d}\sqrt{\frac{I_o}{I_{omax}}} \tag{6-37}$$

根据式（6-37）可作出输出电流变化与占空比的关系曲线，如图 6-11 所示。图中连续导通和非连续导通模式的边界用虚线表示。

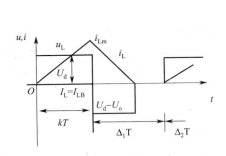

图 6-10 升降压式电路非连续工作模式时波形

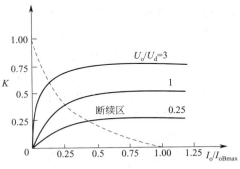

图 6-11 升降压式斩波电路 k-I 曲线

3. 输出电压的纹波

升降压式斩波电路输出电压的纹波可以用图 6-12 所示的连续导通模式时的波形来计算。假定 I_d 的全部纹波电流分量流过电容器，而其直流分量流过负载电阻。图 6-12 中阴影面积用来表示电荷 ΔQ，纹波电压的峰-峰值 ΔU_o 为

$$\Delta U_o = \frac{\Delta Q}{C} = \frac{I_o kT}{C} = \frac{U_o}{R}\frac{kT}{C}$$

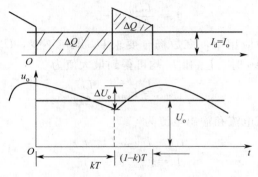

图 6-12 输出电压的纹波示意图

纹波电压峰-峰值的相对值为

$$\frac{\Delta U_\text{o}}{U_\text{o}}=\frac{kT}{RC}=k\,\frac{T}{\tau}$$

对于电流不连续导通的工作模式可以进行类似的分析。

课题三 应用电路——不间断电源

不间断电源（Uninterruptible Power Systems，UPS）就是当交流输入电源发生异常或断电时，它还能继续向负载供电，并能保证供电质量，使负载用电不受影响。如果说发电厂输出的是"干净"高质量的电源，但经过输配电，受天气、用户设备、人为因素损坏等的影响，电压过冲、跌落、中断、共模噪声等电源质量问题就相当突出，尤其在工业环境中，电源质量一般更差。改善电源质量以满足信息社会正常运转是一个新课题。一般简单的解决方案可以通过交流稳压器、抗干扰滤波器和不间断电源改善信息设备的供电质量，同时也要考虑减小信息设备对电网的污染，提高输入功率因素，减小输入电流谐波分量，把传导辐射干扰抑制在一定范围内。因此，UPS 在信息社会中被称为计算机、网络、通信设备的保护神，在工业控制、交通指挥系统以及军事上都有很广泛的应用。

随着电力半导体技术的发展，静止式不间断电源的应用日趋广泛，最初它采用工频方波逆变，通过谐波滤波，实现正弦电压输出。近十多年来，高速开关技术和全控器件的成熟，如电力 MOSFET 和 IGBT 的应用使得不间断电源朝着小型化、高频化方向发展，效率大大提高，性能更加完备。

1. 不间断电源的分类

根据工作方式，不间断电源分后备式和在线式两大类。

（1）后备式的基本结构如图 6-13 所示，它由充电器、蓄电池、逆变器、交流稳压器、转换开关等部分组成。市电供应正常时，逆变器不工作，市电经交流稳压器稳压后，通过转换开关向负载供电，同时充电器工作，对蓄电池充电。市电掉电时，启动逆变器工作，将蓄电池供给的直流电变换成稳压、稳频的交流电，转换开关同时断开市电通路，接通逆变器，继续向负载供电。后备式 UPS 的逆变器输出电压波形有方波、准方波和正弦波三种方式。后备式 UPS 结构简单、成本低、运行效率高、价格便宜，但其输出电压稳压精度差，市电掉电时，输出有转换时间。目前市售的后备式 UPS 均为小功率，一般在 24VA 以下。

（2）在线式 UPS 的基本结构如图 6-14 所示，它由整流器、逆变器、蓄电池组、静态转

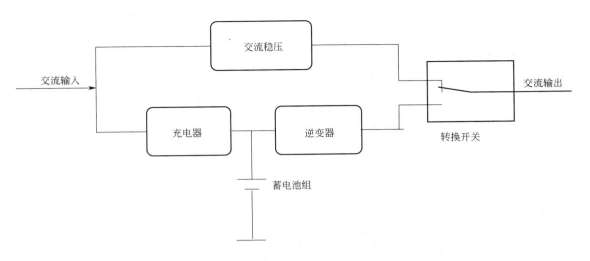

图 6-13　后备式 UPS 结构框图

换开关等部分组成。正常工作时，市电经整流器变成直流后，再经逆变器变换成稳压、稳频的正弦交流电供给负载。当市电掉电时，由蓄电池组向逆变器供电，以保证负载不间断供电。如果逆变器发生故障，在线式 UPS 则通过静态开关切换到旁路，直接由市电供电。当故障消失后，UPS 又重新切换到由逆变器向负载供电状态。由于在线式 UPS 总是处于稳压、稳频供电状态，输出电压动态响应特性好，波形畸变小，因此，其供电质量明显优于后备式 UPS。目前大多数不间断电源，特别是大功率电源，均为在线式。但在线式 UPS 结构复杂，成本高。

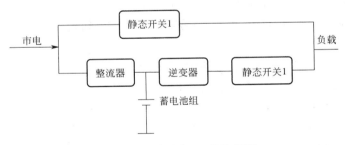

图 6-14　在线式 UPS 结构框图

2. 单相在线式 UPS 应用实例

单相在线式 UPS 的典型实例如图 6-15 所示，它由逆变器主电路、控制电路、驱动电路、电池组、充电器以及滤波、保护等辅助电路组成。

当市电正常情况下，输入的市电经过共模噪声滤波器和尖峰干扰抑制器，输入到有源功率因数校正（PFC）整流电路，PFC 整流能使 UPS 输入电流正弦化，并使输入功率因数接近 1。PFC 电路输出的稳定直流电与电池升压后输出的直流电通过二极管在直流母线上并联，电池升压得到的输出电压略低于 PFC 整流器输出电压，所以在市电正常情况下，由 PFC 整流后的市电向逆变器提供能量。

当市电出现异常情况时，PFC 输出的直流电压将低于电池升压输出电压，这时由电池升压后向逆变器提供能量，同时充电器停止工作。

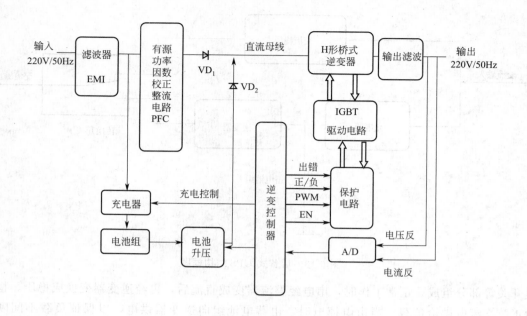

图 6-15　单相在线式 UPS 应用实例框图

H 形全桥式逆变器将直流母线上的 400V 电压逆变成 220V、50Hz 正弦交流电压并经输出滤波器输出。

逆变控制器由单片机及其他辅助电路组成，主要负责脉宽调制波的产生、使输出正弦波与市电同步、进行 UPS 的管理、报警和保护。

逆变器是 UPS 中重要的组成部分之一。现在都选用 IGBT 管作为主功率变换器的开关管，逆变器的调制频率为 20kHz。它由逆变控制器、H 形桥式逆变器、驱动和保护电路组成。

输出滤波器是个低通滤波器，能滤除 20kHz 的调制频率和高次谐波分量，输出 50kHz 的工频交流电，输出波形中高频成分不超过 1%。

3. 三相 UPS 典型应用实例

三相大功率不间断电源的功率范围在 10～250kW 之间，并联后可达几兆瓦，它一般由整流器、逆变器、电池组、静态旁路开关及维修旁路开关等几部分组成。

市电输入一般采用三相四线制。380V、50Hz 的交流电通过输入断路器、交流接触器输入到三相整流桥。整流桥采用 PFC 控制，其输出电压在直流母线上与电池组并联，电压的大小受控于电池恒流充电电流的大小，其值为电池充电电压，最高位电池浮充电压。

逆变变压器为 Yd 接法。三相不间断电源均带有旁路开关，是较先进的复合式静态开关。开关主体是交流接触器，双向晶闸管仅在交流接触器动作时导通 300～500ms，以补偿旁路切换时间。在实例中，还有手动旁路开关或称维修旁路开关，它可以使不间断电源主机完全脱离供电状态，以便维护修理。

在正常情况下，市电经整流后向逆变器供电并对电池充电，由逆变器向负载提供 380V/220V、50Hz 交流输出；市电异常时由后备电池向逆变器供电。当逆变器过载或逆变器因故障无力向负载提供输出时，静态旁路开关将切换到市电，UPS 输出由市电直接提供。

实践技能训练

实训　直流斩波电路的调试

一、实训目标

（1）加深理解斩波器电路的工作原理。
（2）掌握斩波器主电路、触发电路的调试步骤和方法。
（3）熟悉斩波器电路各点的电压波形。

二、实训设备及仪器

① DJK01 电源控制屏。
② DJK05 直流斩波电路。
③ DJK06 给定及实验器件。
④ D42 三相可调电阻。
⑤ 双踪示波器。
⑥ 万用表。

三、实训内容

（1）直流斩波器触发电路调试。
（2）直流斩波器接电阻性负载。

四、实训线路及原理

本实验采用脉宽可调的晶闸管斩波器，主电路如图 6-16 所示。其中 VT_1 为主晶闸管，VT_2 为辅助晶闸管，C 和 L_1 构成振荡电路，它们与 VD_2、VD_1、L_2 组成 VT_1 的换流关断电路。当接通电源时，C 经 L_1、VD_1、L_2 及负载充电至 $+U_{d0}$，此时 VT_1、VT_2 均不导通，当主脉冲到来时，VT_1 导通，电源电压将通过该晶闸管加到负载上。当辅助脉冲到来时，VT_2 导通，C 通过 VT_2、L_1 放电，然后反向充电，其电容的极性从 $+U_{d0}$ 变为 $-U_{d0}$，当充电电流下降到零时，VT_2 自行关断，此时 VT_1 继续导通。VT_2 关断后，电容 C 通过 VD_1 及 VT_1 反向放电，流过 VT_1 的电流开始减小，当流过 VT_1 的反向放电电流与负载电

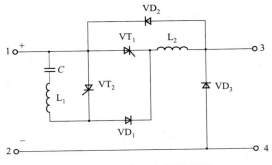

图 6-16　斩波主电路原理图

流相同的时候，VT_1 关断；此时，电容 C 继续通过 VD_1、L_2、VD_2 放电，然后经 L_1、VD_1、L_2 及负载充电至 $+U_{d0}$，电源停止输出电流，等待下一个周期的触发脉冲到来。VD_3 为续流二极管，为反电势负载提供放电回路。

从以上斩波器工作过程可知，控制 VT_2 脉冲出现的时刻即可调节输出电压的脉宽，从而可达到调节输出直流电压的目的。VT_1、VT_2 的触发脉冲间隔由触发电路确定。实验接线如图 6-17 所示，电阻 R 用模块 D42 三相可调电阻，使用其中一个 900Ω 的电阻；励磁电

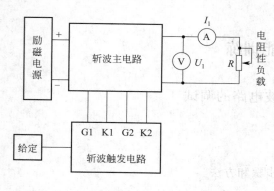

图 6-17 直流斩波器实验线路图

源和直流电压、电流表均在控制屏上。

五、实训方法

1. 斩波器触发电路调试

调节 DJK05 面板上的电位器 RP1、RP2，RP1 调节锯齿波的上下电平位置，而 RP2 为调节锯齿波的频率。先调节 RP2，将频率调节到 200Hz～300Hz 之间，然后在保证三角波不失真的情况下，调节 RP1 为三角波提供一个偏置电压（接近电源电压），使斩波主电路工作的时候有一定的起始直流电压，供晶闸管一定的维持电流，保证系统能可靠工作，将 DJK06 上的给定接入，观察触发电路的第二点波形，增加给定，使占空比从 0.3 调到 0.9。

2. 斩波器带电阻性负载

（1）按图 6-17 实验线路接线，直流电源由电源控制屏上的励磁电源提供，接斩波主电路（要注意极性），斩波器主电路接电阻负载，将触发电路的输出 "G1"、"K1"、"G2"、"K2" 分别接至 VT_1、VT_2 的门极和阴极。

（2）用示波器观察并记录触发电路的 "G1"、"K1"、"G2"、"K2" 波形，并记录输出电压 U_d 及晶闸管两端电压 U_{VT1} 的波形，注意观测各波形间的相对相位关系。

（3）调节 DJK06 上的 "给定" 值，观察在不同 τ（即主脉冲和辅助脉冲的间隔时间）时 U_d 的波形，并记录相应的 U_d 和 τ，从而画出 $U_d = f(\tau/T)$ 的关系曲线，其中 τ/T 为占空比。

调试记录表

τ							
U_d							

六、实训报告要求

（1）根据实训测试结果填写上述的表格。

（2）讨论、分析实验中出现的各种现象。

思考题与习题

1. 什么叫直流斩波器？举例说明直流斩波器的应用。

2. 直流斩波器有哪几种控制方式？最常用的控制方式是什么？

3. 试比较降压斩波器和升压斩波器电路有什么异同点？

4. 如果保持直流变换电路的频率不变，只改变开关器件的导通时间 t_{on}，试画出当占空比 D 分别为 25%、75% 时，变换电路输出的理想电压波形。

5. 开关器件的开关损耗大小同哪些因素有关？试比较 Buck 电路和 Boost 电路的开关损耗的大小。

6. 有一开关频率为 50Hz 的 Buck 变换电路，工作在电感电流连续的情况下，$L = 0.05\text{mH}$，输入电压 $U_D = 15\text{V}$，输出电压 $U_o = 10\text{V}$。

（1）求占空比 D 的大小；

（2）求电感中电流的峰值 I_2；

（3）若允许输出电压的纹波 $\Delta U_o/U_o = 5\%$，求滤波电容 C 的最小值。

7. 图 6-18 所示的电路工作在电感电流连续的情况下，器件 S 的开关频率为 100kHz，电路输入电压为 220 V，当 $R=30\ \Omega$，两端的电压为 150 V 时：

（1）求占空比的大小；

（2）当 $R=40\Omega$ 时，求维持电感电流连续的临界电感值；

（3）若允许输出电压纹波系数为 0.01，求滤波电容 C 的最小值。

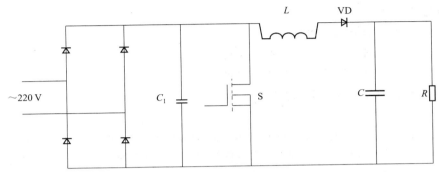

图 6-18　题 7 图

8. 有一开关频率为 50 kHz 的库克电路，其中 $L_1=L_2=1\text{mH}$，$C_1=5\mu\text{F}$。假设输出端电容足够大，使输出电压保持恒定，并且元件的功率损耗可忽略。若输入电压 $U_D=10$ V，输出电压 U_o 调节为 5 V 不变，输出功率等于 5 W，试求电容器 C_1 两端的电压 u_{C1} 和电感电流 i_{L1}、i_{L2} 为恒定值时的百分比误差。

项目七　交流调压器

【学习目标】
● 掌握交流调压器的基本概念。
● 了解交流调压器电路结构、原理及应用。
● 了解交流调功器电路结构、原理及应用。
● 了解无触点开关的常见形式及应用。

交流调压电路的作用是将一定频率和电压的交流电转换为频率不变、电压可调的交流电。随着电力电子技术的不断发展，交流调压技术也日趋完善，并已普遍应用于交流电动机调速；电能变换系统中的恒压交流电源；高性能不间断交流电源；航天、航海、车辆等特殊应用领域的交流通用电源；蓄电池充电电源等各领域，为社会的进步和发展起到了不可估量的作用。

课题一　单相交流调压电路

单相交流调压电路采用移相控制，即在电压的每一个周期中控制晶闸管的导通时刻，以

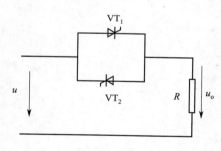

图 7-1　单相交流调压器的主电路原理图

达到控制输出电压的目的。图 7-1 给出了单相交流调压器的主电路原理图，在负载和交流电源间采用两个反并联的晶闸管 VT_1、VT_2 或双向晶闸管 VT 相连。当电源处于正半周时，触发 VT_1 导通，电源的正半周电压施加到负载上；电压过零时晶闸管关断。当交替触发 VT_1、VT_2 时，负载上就可获得正、负半周对称的电源电压。很明显，它可通过控制晶闸管在每一个电源周期内的导通角的大小来调节输出电压的大小。

交流调压器的工作情况与它的负载性质有关，下面分别分析。

一、电阻性负载

电路如图 7-1 所示，采用相控调压，即通过改变晶闸管触发脉冲的控制角 α 来控制交流电压的输出幅值。输出电压波形图如图 7-2 所示。

在电源 u 的正半周时，晶闸管 VT_1 承受正向电压，当 $\omega t = \alpha$ 时，触发 VT_1 导通，则负载上得到缺 α 角的正弦半波电压；当 $\omega t = \pi$ 时，电源电压过零，VT_1 电流下降为零而关断。在电源电压 u 的负半周，晶闸管 VT_2 承受正向电压；当 $\omega t = \pi + \alpha$ 时，触发 VT_2 使其导通，则负载上又得到缺 α 角的正弦负半波电压。持续这样的控制，在负载电阻上使得到每半波缺 α 角的正弦电压。改变 α 角的大小，便改变了输出电压有效值的大小。

单相电阻负载交流调压的数量关系如下：

设 $u = \sqrt{2}U\sin\omega t$，则

（1）输出交流电压有效值和电流的有效值

电压有效值

$$U_{\mathrm{o}} = \sqrt{\frac{1}{\pi}\int_{\alpha}^{\pi}(\sqrt{2}U\sin\omega t)^{2}\mathrm{d}\omega t} = U\sqrt{\frac{1}{2\pi}\sin 2\alpha + \frac{\pi-\alpha}{\pi}}$$

$$(7\text{-}1)$$

电流的有效值

$$I_{\mathrm{o}} = \frac{U_{\mathrm{o}}}{R} \times \frac{U}{R}\sqrt{\frac{1}{2\pi}\sin 2\alpha + \frac{\pi-\alpha}{\pi}} \qquad (7\text{-}2)$$

（2）反并联电路流过每个晶闸管的电流平均值

$$I_{\mathrm{d}} = \frac{\sqrt{2}U_{\mathrm{o}}}{2\pi R}(1+\cos\alpha) \qquad (7\text{-}3)$$

（3）功率因数 $\cos\varphi$

$$\cos\varphi = \frac{P}{S} = \frac{U_{\mathrm{o}}}{U} = \sqrt{\frac{1}{2\pi}\sin 2\alpha + \frac{\pi-\alpha}{\pi}} \qquad (7\text{-}4)$$

从式（7-1）中可以看出，随着 α 角的增大，U_{o} 逐渐减小；当 $\alpha = \pi$ 时，$U_{\mathrm{o}} = 0$。因此，单相交流调压器对于电阻性负载，其电压的输出调节范围 $0\sim U$，控制角 α 的移相范围为 $0\sim\pi$。

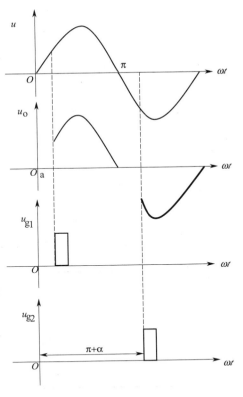

图 7-2　电阻性负载单相交流调压
电路输出电压波形图

二、电感性负载

电路原理及波形图如图 7-3(a) 所示。图中 u_{g1}、u_{g2} 为晶闸管 VT_1、VT_2 的宽触发脉冲波形。电感性负载是交流调压器最一般的负载。其工作情况与可控整流电路带电感负载相似。在电源 u 的正半周内，晶闸管 VT_1 承受正向电压，当 $\omega t = \alpha$ 时，触发 VT_1 导通，则负载上得到缺 α 角的正弦半波电压，由于是感性负载，因此负载电流 i_{o} 的变化滞后电压的变化，电流 i_{o} 不能突变，只能从零逐渐增大。当电源电压过零时，电流 i_{o} 则会滞后于电源电压一定的相角减小到零，VT_1 才能关断，所以在电源电压过零点后 VT_1 继续导通一段时间，输出电压出现负值，此时晶闸管的导通角 θ 大于相同控制角情况下的电阻性负载的导通角。

在电源电压 u 的负半周，晶闸管 VT_2 承受正向电压；当 $\omega t = \pi + \alpha$ 时，触发 VT_2 使其导通，则负载上又得到缺 α 角的正弦负半波电压。由于负载电感产生感应电动势阻止电流的变化，因此电流 i_{o} 只能反方向从零开始逐渐增大。当电源电压过零时，电流 i_{o} 则会滞后电源电压一定的相角减小到零，晶闸管 VT_2 才能关断，所以在电源电压过零点后 VT_2 继续导通一段时间，输出电压出现正值。

由图 7-3(b) 可知，晶闸管的导通角 θ 的大小，不但与控制角 α 有关，而且还与负载阻抗角 φ 有关。一个晶闸管导通时，其负载电流 i_{o} 的表达式为

$$i_{\mathrm{o}} = \frac{\sqrt{2}U}{Z}\Big[\sin(\omega t - \varphi) - \sin(\alpha - \varphi)e^{\frac{\alpha-\omega t}{\tan\varphi}}\Big] \qquad (7\text{-}5)$$

式中，$\alpha \leqslant \omega t \leqslant \alpha + \theta$，$Z = [R^2 + (\omega L)^2]^{\frac{1}{2}}$，$\varphi = \arctan\dfrac{\omega L}{R}$

当 $\omega t = \alpha + \theta$ 时，$i_{\mathrm{o}} = 0$。将此条件代入式（7-5），可得导通角 θ 与控制角 α、负载阻抗角

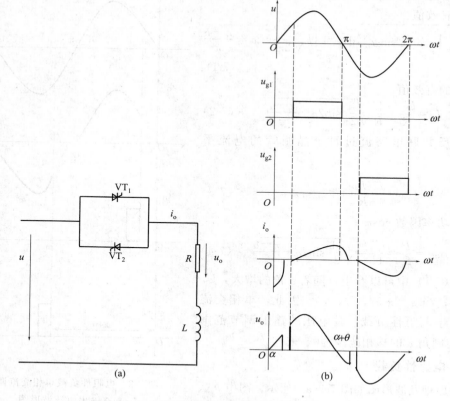

图 7-3　电感性负载单相交流调压电路原理及波形图

φ 之间的定量关系表达式为

$$\sin(\alpha+\theta-\varphi)=\sin(\alpha-\varphi)e^{-\frac{\theta}{\tan\varphi}} \tag{7-6}$$

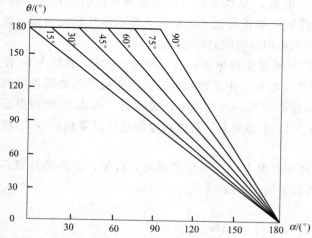

图 7-4　单相交流调压电路以 φ 为参变量时 θ 与 α 的关系

针对交流调压器，其导通角 $\theta \leqslant 180°$，再根据式（7-6），可绘出 $\theta=f(\alpha,\varphi)$ 曲线，如图 7-4 所示。

下面分别就 $\alpha>\varphi$，$\alpha=\varphi$，$\alpha<\varphi$ 三种情况来讨论调压电路的工作情况。

（1）当 $\alpha>\varphi$ 时，由式（7-6）可以判断出导通角 $\theta<180°$，正负半波电流断续。α 越大，θ 越小，波形断续越严重。

（2）当 $\alpha=\varphi$ 时，由式（7-6）可以计算出每个晶闸管的导通角 $\theta=180°$。此时，每个晶闸管轮流导通 180°，相当于两个晶闸管轮流被短接，负载电流处于连续状态，输出完整的正弦波。

（3）当 $\alpha<\varphi$ 时，电源接通后，在电源的正半周，如果先触发 VT_1，则根据式（7-6）可

判断出它的导通角 $\theta > 180°$。如果采用窄脉冲触发，当 VT_1 的电流下降为零而关断时，VT_2 的门极脉冲已经消失，VT_2 无法导通。到了下一周期，VT_1 又被触发导通重复上一周期的工作，结果形成单相半波整流现象，如图 7-5 所示，回路中出现很大的直流电流分量，无法维持电路的正常工作。

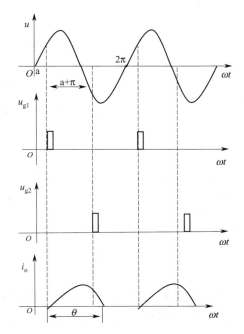

图 7-5　感性负载窄脉冲触发时的工作波形

解决上述失控现象的方法是：采用宽脉冲或脉冲列触发，以保证 VT_1 管电流下降到零时，VT_2 管的触发脉冲信号还未消失，VT_2 可在 VT_1 电流为零关断后接着导通。但 VT_2 的关断时刻向后移，因此 VT_1 的导通角逐渐减小，VT_2 的导通角逐渐增大，直到两个晶闸管的导通角 $\theta = 180°$ 时达到平衡。

根据以上的分析，当 $\alpha \leqslant \varphi$ 并采用宽脉冲触发时，负载电压、电流总是完整的正弦波，改变控制角 α，负载电压、电流的有效值不变，即电路失去交流调压作用。在感性负载时，要实现交流调压的目的，则最小控制角 $\alpha = \varphi$，所以 α 的移相范围为 $\varphi \sim 180°$。

课题二　三相交流调压电路

单相交流调压器的主电路和控制电路都比较简单，因此成本低，但是只适用于单相负载和中、小容量的应用场所。如果单相负载容量过大，就会造成三相不平衡，影响电网供电质量，因而容量较大的负载大部分为三相负载，要适应三相负载的要求，就需用三相交流调压。三相交流调压的电路有各种各样的形式，下面分别介绍较为常用的三种接线方式。

一、星形连接带中线的三相交流调压电路

带中线的三相交流调压电路，实际上就是三个单相交流调压电路的组成，如图 7-6 所示。工作原理和波形分析与单相交流调压完全相同。晶闸管的导通顺序，如果按图 7-6 的排列，则为 VT_1、VT_2、VT_3、VT_4、VT_5、VT_6。触发脉冲间隔为 $60°$，其触发电路可以套用三相全控桥式整流电路的触发电路。由于有中线，故不一定要采用宽脉冲或双窄脉冲触发，触发移相范围为 $0 \sim 180°$。

在三相正弦交流电路中，由于各相电流相位互差 $120°$，故中线电流为零。在交流调压电路中，每相负载电流为正负对称的缺角正弦波，这包含有较大的奇次谐波电流，主要是三次谐波电流。这种缺角正弦波的谐波分量与控制角有关。当 $\alpha = 90°$ 时，三次谐波电流最大。在三相电路中各相三次谐波是同相的，因此中线电流为一相三次谐波电流的 3 倍，数值较大。如果电源变压器为三柱式，则三次谐波磁通不能在铁芯中形成通路，会出现较大的漏磁通，引起变压器的发热和噪声，对线路和电网均带来不利影响，因此工业上应用较少。

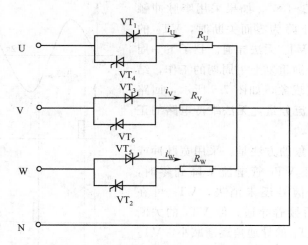

图 7-6　带中线星形连接的三相交流调压电路

二、晶闸管与负载连接成内三角形的三相交流调压电路

　　其电路如图 7-7 所示，它实际上也是三个单相交流调压电路的组合，其优点是由于晶闸管串接在三角形内部，流过晶闸管的电流是相电流，故在同样线电流情况下，晶闸管电流容量可以降低。其线电流三次谐波分量为零，触发移相范围为 0～180°。缺点是负载必须为三个单相负载才能接成此种电路，不能接成 Y 形和 D 形，故应用较少。

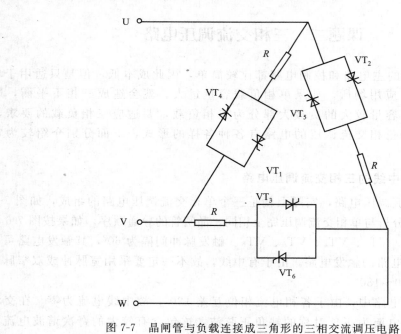

图 7-7　晶闸管与负载连接成三角形的三相交流调压电路

三、用三对反并联晶闸管连接成三相三线制交流调压电路

　　电路如图 7-8 所示，负载可以连接成 Y 形，也可以连接成 D 形。触发电路和三相全控式整流电路一样，需采用宽脉冲或双窄脉冲。

　　现以电阻负载连接成 Y 形为例，分析其工作原理。

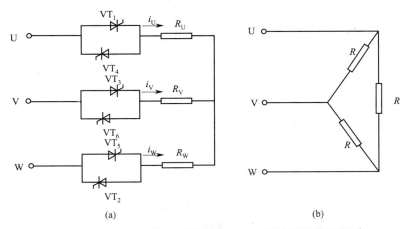

图 7-8　用三对反并联晶闸管连接的三相三线制交流调压电路

1. 控制角 $\alpha = 0°$

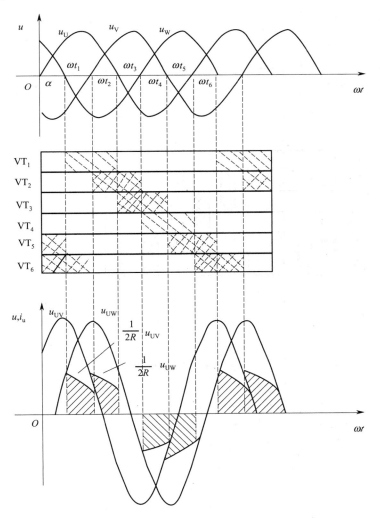

图 7-9　$\alpha = 60°$ 的波形

$\alpha = 0°$ 即在相应的每相电压过零处给晶闸管加触发脉冲，这就相当于将六只晶闸管换成六只整流二极管，因而三相正、反向电流都畅通，相当于一般的三相交流电路。当每相的负载电阻为 R 时，各相的电流为

$$i_\varphi = \frac{u_{2\varphi}}{R}$$

式中，$u_{2\varphi}$ 为各相电压值。

在图 7-8 排列的情况下，晶闸管的导通顺序为 VT_1、VT_2、VT_3、VT_4、VT_5、VT_6。触发电路的脉冲间隔为 $60°$，每只管子的导通角为 $\theta = 180°$。除换流点外，每时刻均有三只晶闸管导通。

2. 控制角 $\alpha = 60°$

U 相晶闸管导通情况与电流波形如图 7-9 所示。ωt_1 时刻触发 VT_1 管使其导通，与导通的 VT_6 管组成电流回路，此时在线电压的作用下

$$i_U = \frac{u_{UV}}{2R}$$

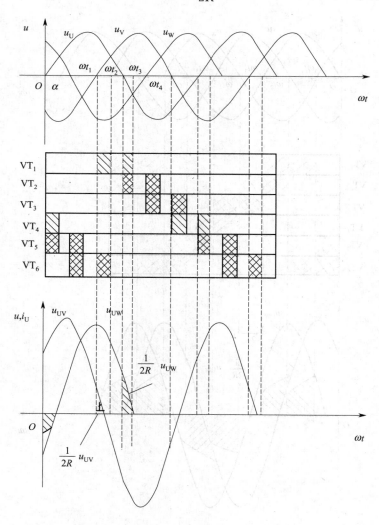

图 7-10 $\alpha = 120°$ 的波形

ωt_2 时刻，VT_2 管被触发，承受 u_{UW} 电压，此时 U 相电流为

$$i_U = \frac{u_{UW}}{2R}$$

ωt_3 时刻，VT_1 管关断，VT_4 管还未导通，所以 $i_U = 0$。ωt_4 时刻，VT_4 管被触发，i_U 在电压 u_{UV} 作用下，经 VT_3、VT_4 构成回路。同理在 $\omega t_5 \sim \omega t_6$ 期间，u_{UV} 电压经 $VT_4 \sim VT_5$，构成回路，i_U 电流波形如图剖面线所示。同样分析可得到 i_V、i_W 的波形，其形状与 i_U 相同，只是相位相差 $120°$。当 $\alpha = 90°$ 电流开始断续，图 7-10 与 $\alpha = 120°$ 时 U 相晶闸管导通情况与电流波形。注意，当 ωt_1 时刻触发 VT_1 管时，与 VT_6 管构成电流回路，导通到 ωt_2 时，由于 u_{UV} 电压过零反向，强迫 VT_1 管关断。当 ωt_3 时，VT_2 管触发导通，此时由于采用了脉宽大于 $60°$ 的宽脉冲或双窄脉冲触发方式，故 VT_2 管仍有脉冲触发，此时在线电压 u_{UW} 作用下，经 VT_1、VT_2 管构成回路，使 VT_1 管又重新导通 $30°$。从图 7-10 可见，当 α 增大至 $150°$ 时，$i_U = 0$。故电阻负载时，电路的移相范围为 $0° \sim 150°$，导通角 $\theta = 180° - \alpha$。

课题三　晶闸管交流开关

晶闸管交流开关是一种比较理想的快速交流开关，其主回路甚至包括控制回路都没有的触头及可动的机械机构，所以不存在电弧、触头磨损和熔焊等问题。同时，由于晶闸管交流开关总是在电流过零时关断，所以关断时不会因负载或线路中电感储存能量而造成暂态过电压和电磁干扰，因此特别适用于操作频繁、可逆运行及有易燃易爆气体、多粉尘的场合。

一、交流开关的常见形式

晶闸管交流开关的常见电路形式如图 7-11 所示。触发电路的毫安级电流通断，可以控制晶闸管阳极大电流的通断。交流开关的工作特点是，晶闸管在电压正半周时触发导通，而它的关断则利用电压负半周在管子上加反向电压来实现，在电流过零时自然关断。

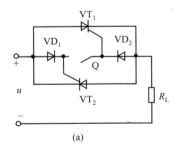 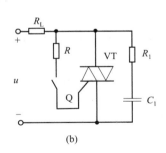 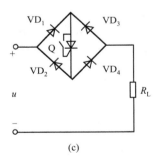

图 7-11　晶闸管交流开关的常见形式

图 7-11(a) 所示为普通晶闸管反向并联的交流开关。当开关 Q 合上时，靠管子本身的阳极电压作为触发电源，具有强触发性质，即使触发电流比较大的管子也能可靠触发，负载上等到的基本上是正弦电压。

图 7-11(b) 所示为采用双向晶闸管的交流开关，为 I+、III-触发方式，其线路简单，但工作频率比反向并联电路低。

图 7-11(c) 所示为只用一只普通晶闸管的电路，管子只承受正电压，但由于串联元件多，其压降损耗较大。

二、晶闸管交流开关应用举例

1. 采用光耦合器的交流开关电路

图 7-12 所示为采用光耦合器的交流开关电路。主电路由两只晶闸管 VT_1、VT_2 和两只二极管 VD_1、VD_2 组成。当控制信号未接通，即不需要主电路工作时，1、2 端没有信号，光电耦合器 B 中的光敏管截止，晶体管 VT 处于导通状态，晶闸管门极电路被晶体管 VT 旁路，因而 VT_1、VT_2 晶闸管处于截止状态，负载未接通。当 1、2 端接入控制信号，光电耦合器 B 中的光敏管导通，晶体管 VT 截止，晶闸管 VT_1、VT_2 控制极得到触发电压而导通，主回路被接通。电源电压正半波时（例如 U_+，V_-），通路为 $U_+ \rightarrow VT_1 \rightarrow VD_2 \rightarrow R_L \rightarrow V_-$。电源负半波时（$U_-$，$V_+$），通路 $V_+ \rightarrow R_L \rightarrow VT_2 \rightarrow VD_1 \rightarrow U_-$。负载上得到交流电压。因而只要控制光电耦合器的通断就能方便地控制主电路的通断。

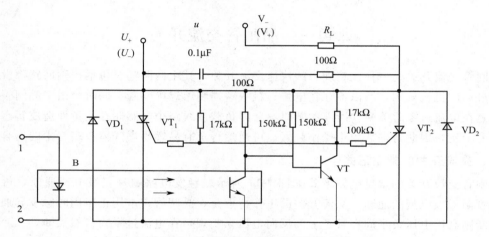

图 7-12 采用光耦合器的交流开关电路

2. 三相自动控温电热炉电路

图 7-13 所示为双向晶闸管控制三相自动控温电热炉的典型电路。当开关 Q 拨到"自动"

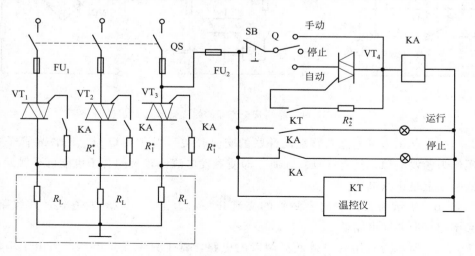

图 7-13 自动控温电热炉电路图

位置时，炉温就能自动保持在给定温度。若炉温低于给定温度，温控仪 KT（调节式毫伏温度计）使常开触点 KT 闭合，双向晶闸管 VT_4 触发导通，继电器 KA 通电，使主电路中 VT_1～VT_3 管导通，负载电阻 R_L 接入交流电源，炉子升温。若炉温到达给定温度，温控仪的常开触点 KT 断开，VT_4 关断，断电器 KA 断电，双向晶闸管 VT_1～VT_3 关断，电阻 R_L 与电源断开，炉子降温。因此电炉在给定温度附近小范围内波动。

双向晶闸管仅用一只电阻（主电路为 R_1^*、控制电路为 R_2^*）各自构成本相强触发电路，其电阻可由试验决定。用电位器代替 R_1^*、R_2^*，调节电位器阻值，使双向晶闸管两端电压（用交流电压表测量）减到 2～$5V$，此时电位器阻值即为触发电阻值，通常为 75Ω～$3k\Omega$，功率小于 $2W$。

三、固体开关

近几年来发展的一种固态开关，也称为固态继电器或固态接触器。它是一种以双向晶闸管为基础构成的无触点通断组件，它是一种 4 端有源器件，其中两个端子是输入控制端，另外两个端子是主电路的输出受控端。输入与输出之间采用高耐压的光电耦合器进行电气隔离，当输入端有信号时，其主电路呈导通状态；无信号时，呈截止状态，其外形如图 7-14（a）所示。

固体继电器是将晶闸管、电力 MOSFET、GTR 或 IGBT 等电力电子器件与隔离电路、驱动电路等按一定的电路组合一起，并封装在一个外壳中所形成的模块。

图 7-14（b）为采用光电三极管耦合器的"0"压固态开关内部电路。1、2 为输入端，相当于继电器或接触器的线圈；3、4 为输出端，相当于继电器或接触器的一对触点，与负载串联后接到交流电源上。

输入端接上控制电压，使发光二极管 VD_2 发光。紧靠着的光敏管 VT_1 阻值减小，使原来导通的晶体管 VT_2 截止，原来阻断的晶闸管 VT_3 通过 R_4 被触发导通。输出交流电源通过负载、二极管 VD_3～VD_6、VT_3 以及 R_5，在 R_5 上产生电压降作为双向晶闸管 VT_4 的触发信号，使 VT_2 导通，负载得电。由于 VT_4 的导通区域处于电源电压的"0"点附近，因而具有"0"电压开关功能。

图 7-14（c）所示为光电晶闸管耦合器的"0"电压开关。由输入端 1、2 输入信号，光电晶闸管耦合器 B 中的光控晶闸管导通，电流经 3→VD_4→B→VD_1→R_4→4 构成回路，借助 R_4 上的电压降向双向晶闸管 VT 的控制极提供电流，使 VT 导通。由 R_3、R_2 和 VT_1 组成"0"电压开关功能电路，即当电源电压过"0"并升至一定幅值时，VT_1 导通，光控晶闸管被关断。

图 7-14（d）所示为光电双向晶闸管耦合器非"0"电压开关。当输入端 1、2 输入信号时，光电双向晶闸管耦合器 B 导通，3→R_2→B→R_3→4 回路有电流通过，R_3 提供双向晶闸管 VT 的触发信号。这种电路相对于输入信号的任意相应交流电源均可同步接通，因而称为非"0"电压开关。

图 7-14（e）所示为非零压固态交流开关，左边为交流开关控制端，右边为交流开关接线端，当有 U_{IN} 输入时，4N25 中的光敏三极管导通，迫使 VT_3 截止，从而由 R_6 提供触发电流使普通晶闸管 VT_1 导通。VT_1 的导通使 VT_1 与桥路 VD_1～VD_4 组成的交流开关接通，在串接在回路中的电阻 R_7 上产生压降，从而又进一步触发大功率双向晶闸管 VT_2，形成固态交流开关的导通状态。非零压固态交流开关中只要 U_{IN} 幅值足够大，即可成为通态，无须考虑接线端电压是否在交流电压波形的过零点附近。

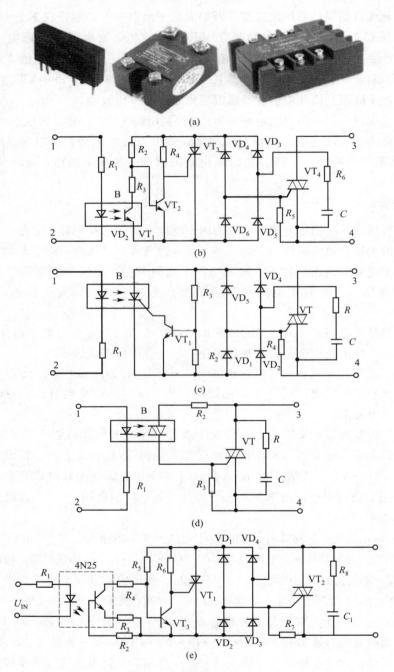

图 7-14　固体开关外形和内部电路

课题四　由过零触发开关电路组成的单相交流调功器

一、交流调功器的基本原理

前面讲过，在电压过零时给晶闸管加触发脉冲，使晶闸管工作状态始终处于全导通或全阻断，这称为过零触发。交流零触发开关电路就是利用零触发方式来控制晶闸管导通与关断的。在设定的周期范围内，将电路接通几个周波，然后断开几个周波，通过改变晶闸管在设定周期内通断时间的比例，达到调节负载两端交流平均电压即负载功率的目的。因而这种装置也称为调功器或周波控制器。

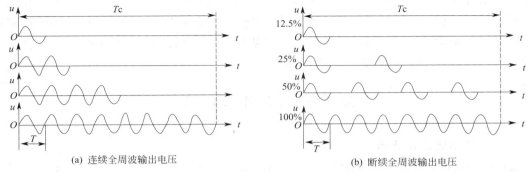

(a) 连续全周波输出电压　　　　　　(b) 断续全周波输出电压

图 7-15　全周波过零触发输出电压波形

调功器是在电源电压过零时触发晶闸管导通的，所以负载上得到的是完整的正弦波，调节的只是在设定周期 T_C 内导通的电压周波数。图 7-15 所示为全周波过零触发输出电压波形的两种工作方式。如在设定周期 T_C 内导通的周波数为 n，每个周波的周期为 T（50Hz，$T=20\text{ms}$），则调功器的输出功率和输出电压有效值分别为：

$$P=\frac{nT}{T_C}P_\text{n}$$

$$U=\sqrt{\frac{nT}{T_C}}U_\text{n}$$

P_n 与 U_n 为设定周期 T_C 内全导通时，装置的输出功率与电压有效值。因此，改变导通周波数 n 即可改变电压和功率。

二、交流调功器应用举例

电热器具调温电路为其应用，现介绍如下。

图 7-16 所示为一种电热器具的调温电路，工作于交流调功模式。主电路由熔断器 FU、

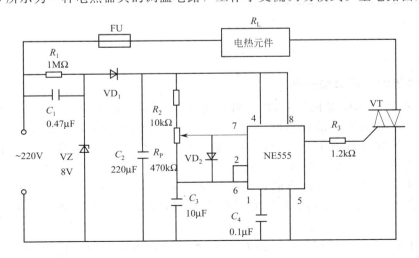

图 7-16　电热器具的调温电路

双向晶闸管 VT 和电热丝 R_L 组成。控制电路以 NE555 定时器为核心构成，其中通过 R_1、C_1、VD_1、VS 和 C_2 等元件，把 220V 的交流电经降压、整流、稳压、滤波，变换成约 7.3V 的直流电作为 NE555 的工作电源。由 R_P、R_2、C_3、C_4、VD_2 和 NE555 等元件组成无稳态多谐振荡器。当 NE555 输出高电平时，VT 导通，电热丝 R_L 加热；NE555 输出低电平时，VT 关断，电热丝 R_L 停止加热。调节滑动 R_P 滑动端的位置，就可以调节 NE555 输出高、低电平的时间比，即可以调节电路的通断比，达到调节温度的目的。调节范围为 0.5%～99.5%。电路的震荡周期约为 3.4s。

课题五 应用电路

一、电风扇无级调速器

电风扇无级调速器在日常生活中随处可见，旋动调速器的旋钮便可以调节电风扇的速度。如图 7-17 所示为原理图。调速器电路由主电路和触发电路两部分构成，在双向晶闸管的两端并接 RC 元件，利用电容两端电压瞬时不能突变的性质，作为晶闸管关断过电压的保护措施。

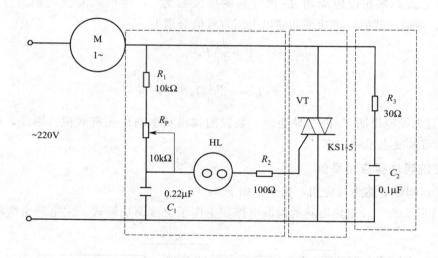

图 7-17 电风扇无级调速器原理图

二、电热炉的温度自动控制

图 7-18 所示为双向晶闸管控制三相自动控温电热炉的电路。当开关 Q 拨到 "自动" 位置时，炉温就能自动保持在给定温度。若炉温低于给定温度，温控仪（调节式毫伏温度计）使常开触点 KT 闭合，小容量双向晶闸管 VT_4 触发导通，继电器 KA 得电，使主电路中 VT_1～VT_3 导通，触发方式为 Ⅰ +、Ⅲ −，负载电阻 R_L（电热丝）接通电源使炉子升温。当炉温达到给定温度，温控仪触点 KT 断开，VT4 关断，继电器 KA 失电，双向晶闸管 VT_1～VT_3 关断，炉子降温。因此电热炉温度在给定温度附近小范围内波动。

双向晶闸管仅是一只电阻（主电路为 R_1^*、控制电路为 R_2^*）构成本相触发电路，其阻值可由试验决定。用电位器代替 R_1^* 和 R_2^*，调节电位器阻值，使双向晶闸管两端电压（用交流电压表测量）减小到 $2 \sim 5V$，此时电位器阻值即为触发电阻值，通常为 $0.03 \sim 3k\Omega$，功率小于 $2W$。

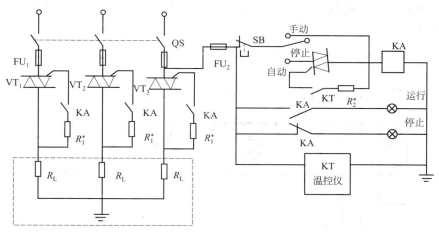

图 7-18　双向晶闸管控制三相自动控温电热炉的电路

实践技能训练

实训　单相交流调压电路的调试

一、实训目的

（1）加深理解单相交流调压电路的工作原理。

（2）加深理解单相交流调压电路带电感性负载对脉冲及移相范围的要求。

（3）了解 KC05 晶闸管移相触发器的原理和应用。

二、实训设备及仪器

① DJK01 电源控制屏。

② DJK02 晶闸管主电路。

③ DJK03-1 晶闸管触发电路。

④ D42 三相可调电阻。

⑤ 双踪示波器。

⑥ 万用表。

三、实训内容

（1）KC05 集成移相触发电路的调试。

（2）单相交流调压电路带电阻性负载。

（3）单相交流调压电路带电阻电感性负载。

四、实验线路及原理

本实训采用 KC05 晶闸管集成移相触发器。该触发器适用于双向晶闸管或两个反向并联晶闸管电路的交流相位控制，具有锯齿波线性好、移相范围宽、控制方式简单、易于集中控制、有失交保护、输出电流大等优点。

　　单相晶闸管交流调压器的主电路由两个反向并联的晶闸管组成，如图 7-19 所示。图中电阻 R 用模块 D42 三相可调电阻，将两个 900Ω 接成并联接法，晶闸管则利用 DJK02 上的反桥元件，交流电压、电流表由 DJK01 控制屏上得到，电抗器 L_d 从 DJK02 上得到，用 700mH 电感器。

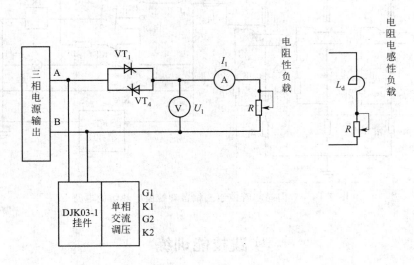

图 7-19　单相交流调压主电路接线图

五、实训方法

　　1. KC05 集成晶闸管移相触发电路调试

　　将 DJK01 电源控制屏的电源选择开关打到"直流调速"侧使输出线电压为 200V，用两根导线将 200V 交流电压接到 DJK03 的"外接 220V"端，按下"启动"按钮，打开 DJK03 电源开关，用示波器观察"1"～"5"端及脉冲输出的波形。调节电位器 R_{P1}，观察锯齿波斜率是否变化，调节 R_{P2}，观察输出脉冲的移相范围如何变化，移相能否达到 $170°$，记录上述过程中观察到的各点电压波形。

　　2. 单相交流调压带电阻性负载

　　将 DJK02 面板上的两个晶闸管反向并联而构成交流调压器，将触发器的输出脉冲端"G1"、"K1"、"G2"和"K2"分别接至主电路相应晶闸管的门极和阴极。接上电阻性负载，用示波器观察负载电压、晶闸管两端电压 U_{VT} 的波形。调节"单相调压触发电路"上的电位器 R_{P2}，观察在不同 α 角时各点波形的变化，并记录 $\alpha = 30°$、$60°$、$90°$、$120°$、$150°$ 时的波形及负载电压 U_d 于下表中。

电阻性负载测试记录表

α	30°	60°	90°	120°	150°
U_2					
u_d波形					
u_T波形					
U_d（记录值）					
U_d（计算值）					

3. 单相交流调压接电阻电感性负载

将 L 与 R 串联，改接为电阻电感性负载。按下"启动"按钮，用双踪示波器同时观察负载电压 u_d 和负载电流 i_d 的波形。调节 R_P 的数值，使阻抗角为一定值，观察在不同 α 角时波形的变化情况，记录 $\alpha > \phi$、$\alpha = \phi$、$\alpha < \phi$ 三种情况下负载两端的电压 u_d 和流过负载的电流 i_d 波形。

电阻电感性负载测试记录表

	$\alpha > \phi$	$\alpha = \phi$	$\alpha < \phi$
u_d波形			
i_d波形			

六、实训报告要求

（1）整理、画出上述所记录的各类波形。

（2）分析电阻电感性负载时，α 角与 ϕ 角相应关系的变化对调压器工作的影响。

（3）分析实验中出现的各种问题。

思考题与习题

1. 图 7-20 为单相晶闸管交流调压电路，$u_2 = 220$ V，$L = 5.516$ mH，$R = 1$ Ω，试求：

（1）控制角的移相范围；

（2）负载电流的最大有效值；

（3）最大输出功率和功率因数。

2. 一台 220 V、10 kW 的电炉，采用晶闸管单相交流调压，现使其工作在 5 kW，试求电路的控制角 α、工作电流及电源侧功率因数。

3. 某单相反并联调功电路，采用过零触发，$u_2 = 220$V，负载电阻 $R = 1$Ω；在设定的周期 T 内，控制晶闸管导通 0.3s，断开 0.2s。试计算送到电阻负载上的功率与晶闸管一直导通时所送出的功率。

4. 采用双向晶闸管的交流调压器接三相电阻负载，如电源线电压为 220V，负载功率为 10kW，试计算流过双向晶闸管的最大电流。如使用反并联连接的普通晶闸管代替双向晶闸管，则流过普通晶闸管的最大有效电流为多大？

5. 试以双向晶闸管设计家用电风扇调压调速实用电路。如手边只有一个普通晶闸管与若干二极管，则电路将如何设计？

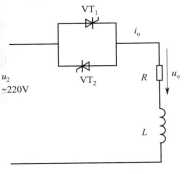

图 7-20　题 1 图

项目八 变 频 器

【学习目标】
- 了解变频器的发展和应用。
- 掌握变频器的基本结构及工作原理。

20 世纪变压器的出现使改变电压变得容易，从而造就了一个庞大的电力行业。长期以来，交流电的频率一直是固定的，由于变频技术的出现，使频率变为可以充分利用的资源。变频技术是一门能够将电信号的频率，按照具体电路的要求，而进行变换的应用型技术。变频器是一种将电网电源 50Hz 频率交流电变成频率可调的交流电的装置。自 20 世纪 80 年代被引进我国以来，其应用已逐步成为当代电机调速的主流，目前在国内外使用广泛。使用变频器可以节能、提高产品质量和劳动生产率等。图 8-1 为工业用的西门子变频器。

图 8-1　西门子 MICROMASTER 420 通用变频器

课题一　变频器的概述

变频调速器主要用于交流电动机（异步电机或同步电机）转速的调节，由于变频器体积小、重量轻、精度高、功能丰富、保护齐全、可靠性高、操作方便、通用性强等优点，变频调速是公认的交流电动机最理想、最有前途的调速方案，除了具有卓越的调速性能之外，变频调速还有显著的节能作用，是企业技术改造和产品更新换代的理想调速方式。变频器作为节能应用与速度工艺控制中越来越重要的自动化设备，得到了快速发展和广泛应用。

1. 变频调速的节能

变频器产生的最初用途是速度控制，但目前在国内应用较多的是节能。中国是能耗大国，能源利用率很低，而且能源储备不足。因此国家大力提倡节能措施，并着重推荐了变频调速技术。应用变频调速可以大大提高电机转速的控制精度，使电机在最节能的转速下运行。

风机、泵类负载的节能效果最明显，节能率可达到 20%～60%，这是因为风机、泵类的耗用功率与转速的 3 次方成正比，当需要的平均流量较小时，转速降低其功率按转速的 3 次方下降。因此，精确调速的节能效果非常可观。目前应用较成功的有恒压供水、中央空调、各类风机、水泵的变频调速。

2. 以提高工艺水平和产品质量为目的的应用

变频调速还可以广泛应用于传送、卷绕、起重、挤压、机床等各种机械设备控制领域。它可以提高企业的生产成品率，延长设备的使用寿命，使操作和控制系统得以简化，提高整个设备控制水平。

3. 变频调速在电动机运行方面的优势

变频调速很容易实现电动机的正、反转。只需要改变变频器内部逆变管的开关顺序，即可实现输出换相，也不存在因换相不当而烧毁电动机的问题。

变频调速系统启动大都是从低速开始，频率较低，加、减速时间可以任意设定，所以加、减速之间比较平缓，启动电流较小，可以进行较高频率的起停。

变频调速系统制动时，变频器可以利用自己的制动回路，将机械负载的能量消耗在制动电阻上，也可以回馈给供电电网，但回馈给电网需增加专用附件，投资大。除此之外，变频器还有直流制动功能，需要制动时，变频器给电动机加上一个直流电压，进行制动，则无需另外加制动控制电路。

4. 变频家电

除了工业相关行业，在普通家庭中，节约电费、提高家电性能、保护环境等受到越来越多的关注，变频家电成为变频器的另一个广阔市场和应用趋势。带有变频控制的冰箱、洗衣机、家用空调等，在节电、减小电压冲击、降低噪声、提高控制精度等方面有很大优势。

课题二　变频器的基本结构

调速用变频器通常由主电路和控制电路组成。其基本结构如图 8-2 所示。

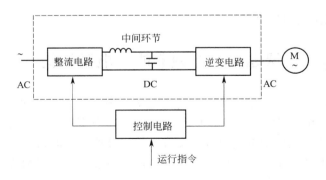

图 8-2　变频器的基本结构

1. 主电路

主电路由整流电路、逆变电路和中间环节组成。

（1）整流电路　整流电路由于对外部的工频交流电源进行整流，给逆变电路和控制电路提供所需的直流电源。

（2）中间环节　中间环节的作用是对整流电路的输出进行平滑滤波，以保证逆变电路和控制电路能够获得质量较高的直流电源。

（3）逆变电路　逆变电路是将中间环节输出的直流电源转换为频率和电压都任意可调的交流电源。

2. 控制电路

控制电路由运算电路、检测电路、驱动电路、外部接口电路及保护电路组成。控制电路的主要功能是将接受的各种信号送至运算电路，使运算电路能根据驱动要求为变频器主电路提供必要的驱动信号，并对变频器以及异步电动机提供必要的保护，输出计算结果。

（1）接收的各种信号

① 各种功能的预置信号。

② 从键盘或外接输入端子输入的给定信号。

③ 从外接输入端子输入的控制信号。

④ 从电压、电流采样电路以及其他传感器输入的状态信号。

（2）进行的运算

① 实时的计算出 SPWM 波形各切换点的时刻。

② 进行矢量控制运算或其他必要的运算。

（3）输出的计算结果

① 将实时的计算出 SPWM 波形各切换点的时刻输出至逆变器件模块的驱动电路，使逆变器件按给定信号及预置要求输出 SPWM 电压波。

② 将当前的各种状态输出至显示器显示。

③ 将控制信号输出至外接输出端子。

（4）实现的保护功能。接受从电压、电流采样电路以及其他传感器输入的信号，结合功能中预置的限值，进行比较和判断，若出现故障，则会进行如下动作。

① 停止发出 SPWM 信号，使变频器中止输出。

② 输出报警信号。

③ 向显示器输出故障信号。

课题三　变频器的主电路结构

目前已被广泛地应用在交流电动机变频调速系统中的变频器是交-直-交变频器，它是先将恒压恒频（Constant Voltage Constant Frequency，CVCF）的交流电通过整流器变成直流电，在经过逆变器将直流电变换成可调的交流电的间接性变频电路。

在交流电动机的变频调速控制中，为了保持额定磁通不变，在调节定子频率的同时必须同时改变定子的电压。因此必须配备变压变频（Variable Voltage Variable Frequency，VVVF）装置。它的核心部分就是变频电路，其结构框图如图 8-3 所示。

按照不同的控制方式，交-直-交变频器可分成以下三种方式。

1. 采用可控整流器调压、逆变器调频的控制方式

其结构框图如图 8-4 所示。在这种装置中，调压和调频在两个环节上分别进行，在控制电路上协调配合，结构简单，控制方便。但是，由于输入环节采用晶闸管可控整流器，当电压调得较低时，电网端功率因数较低。而输出环节多用由晶闸管组成多拍逆变器，每周换相

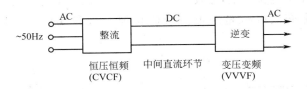

图 8-3　变频器主电路结构框图

六次，输出的谐波较大，因此这类控制方式现在用得较少。

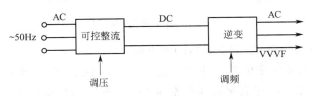

图 8-4　可控整流器调压、逆变器结构框图

2. 采用不可控整流器整流、斩波器调压、再用逆变器调频的控制方式

其结构框图如图 8-5 所示。整流环节采用二极管不可控整流器，只整流不调压，再单独设置斩波器，用脉宽调压，这种方法克服功率因数较低的缺点，但输出逆变环节未变，仍有谐波较大的缺点。

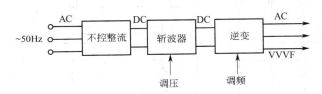

图 8-5　不控整流器整流、斩波器调压、再用逆变器结构框图

3. 采用不控制整流器整流、脉宽调制（PWM）逆变器同时调压调频的控制方式

其结构框图如图 8-6 所示。在这类装置中，用不控整流，则输入功率因数不变；用（PWM）逆变，则输出谐波可以减小。这样图 8-4 装置的两个缺点都消除了。PWM 逆变器需要全控型电力半导体器件，其输出谐波减少的程度取决于 PWM 的开关频率，而开关频率则受器件开关时间的限制。采用绝缘双极型晶体管 IGBT 时，开关频率可达 10kHz 以上，输出波形已经非常逼近正弦波，因而又称为 SPWM 逆变器，成为当前最有发展前途的一种装置形式。

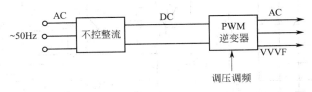

图 8-6　不控制整流器整流、脉宽调制（PWM）逆变器结构框图

在交-直-交变频器中，当中间直流环节采用大电容滤波时，直流电压波形比较平直，在理想情况下是一个内阻抗为零的恒压源，输出交流电压是矩形波或阶梯波，这类变频器叫做电压型变频器，如图 8-7（a）所示，当交-直-交变频器的中间直流环节采

用大电感滤波时，直流电流波形比较平直，因而电源内阻抗很大，对负载来说基本上是一个电流源，输出交流电流是矩形波或阶梯波，这类变频器叫做电流型变频器，如图 8-7（b）所示。

(a) 电压型变频器　　　　　　　　(b) 电流型变频器

图 8-7　变频器结构框图

下面给出几种典型的交-直-交变频器的主电路。

（1）交-直-交电压型变频电路　图 8-8 是一种常用的交-直-交电压型 PWM 变频电路。它采用二极管构成整流器，完成交流到直流的变换，其输出直流电压 U_d 是不可控的；中间直流环节用大电容 C 滤波；电力晶体管 $VT_1 \sim VT_6$ 过程 PWM 逆变器，完成直流到交流的变换，并能实现输出频率和电压的同时调节，$VD_1 \sim VD_6$ 是电压型逆变器所需的反馈二极管。

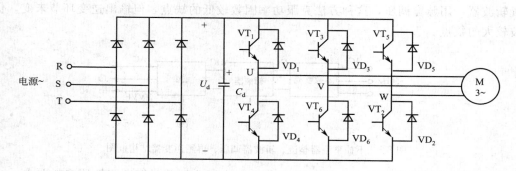

图 8-8　交-直-交电压型 PWM 变频电路

从图中可以看出，由于整流电路输出的电压和电流极性都不能改变，因此该电路只能从交流电源向中间直流电路传输功率，进而再向交流电动机传输功率，而不能从直流中间电路向交流电源反馈能量。当负载电动机由电动状态转入制动运行时，电动机变为发电状态，其能量通过逆变电路中的反馈二极管流入直流中间电路，使直流电压升高而产生过电压，这种过电压称为泵升过电压。为了限制泵升过电压，如图 8-9 所示，可给直

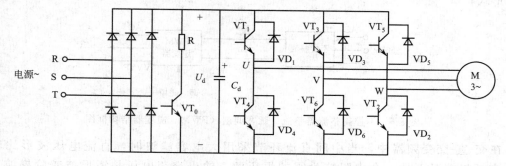

图 8-9　带有泵升电压限制电路的变频电路

流侧电容并联一个由电力晶体管 VT_0 和能耗电阻 R 组成的泵升电压限制电路。当泵升电压超过一定数值时，使 VT_0 导通，能量消耗在 R 上。这种电路可运用于对制动时间有一定要求的调速系统中。

在要求电动机频繁快速加减的场合，上述带有泵升电压限制电路的变频电路耗能较多，能耗电阻 R 也需要较大的功率。因此，希望在制动时把电动机的动能反馈回电网。这时需要增加一套有源逆变电路，以实现再生制动，如图 8-10 所示。

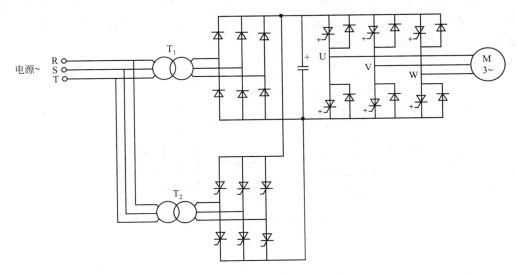

图 8-10　再生制动的变频电路

（2）交-直-交电流型变频器　图 8-11 给出了一种常见的交-直-交电流型变频电路。其中整流器采用晶闸管构成的可控整流电路，完成交流到直流的变换，输出可控的直流电压 U_d，实现调压功能；中间直流环节用大电感 L 滤波；逆变器采用晶闸管构成的串联二极管式电流型逆变电路，完成直流到交流的变换，并实现输出频率的调节。

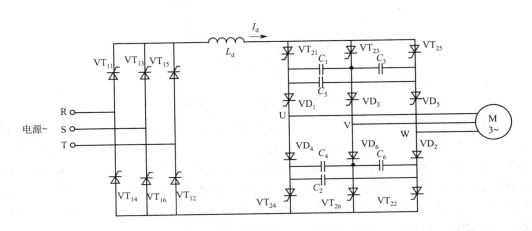

图 8-11　交-直-交电流型变频电路

由图可以看出，电力电子器件的单向导向性，使得电流 I_D 不能反向，而中间直流环节采用的大电感滤波，保证了 I_D 的不变，但可控整流器的输出电压 U_d 是可以迅速反向的。因此，电流型变频电路很容易实现能量回馈。图 8-12 给出了电流型变频调速系统的电动运行和回馈制动两种运行状态。其中 UR 为晶闸管可控整流器，UI 为电流型逆变器。当可控整流器 UR 工作在整流状态（$\alpha < 90°$）、逆变器工作在逆变状态时，电机在电动状态下运行，如图 8-12(a) 所示。这时，直流回路电压 U_d 的极性为上正下负，电流由 U_d 的正端流入逆变器，电能由交流电网经变频器传送给电机，变频器的输出频率 $\omega_1 > \omega$，电机处于电动状态，如图 8-12(b) 所示。此时如果降低变频器的输出频率，或从机械上抬高电机转速 ω，使 $\omega_1 < \omega$，同时使可控整流器的控制角 $\alpha > 90°$，则异步电机进入发电状态，且直流回路电压 U_d 立即反向，而电流 I_D 方向不变。于是，逆变器 UI 变成整流器，而可控整流器 UR 转入有源逆变状态，电能由电机回馈给交流电网。

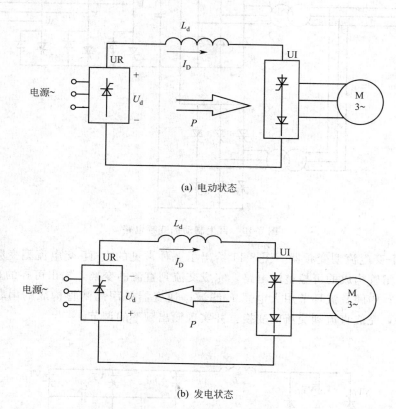

(a) 电动状态

(b) 发电状态

图 8-12　电流型变频调速系统的两种运行状态

图 8-13 给出了一种交-直-交电流型 PWM 变频电路，负载为三相异步电动机。逆变器为采用 GTO 作为功率开关器件的电流型 PWM 逆变电路，图中 GTO 用的是反向导电型器件，因此给每个 GTO 串联了二极管以承受反向电压。逆变电路输出端的电容 C 是吸收 GTO 关断时所产生的过电压而设置的，它也可以对输出的 PWM 电流波形而起滤波作用。整流电路采用晶闸管而不是二极管，这样在负载电动机需要制动时，可以使整流部分工作在有源逆变状态，把电动机的机械能反馈给交流电网，从而实现快速制动。

（3）交-直-交电压型变频器与电流型变频器的性能比较　电压型变频器和电流型变频器的区别仅在于中间直流环节滤波器的形式不同，但是这样一来，造成两类变频器在性能上相当大的差异，主要表现比较见表 8-1。

表 8-1　电压型变频器与电流型变频器的性能比较

特点名称	电压型变频器	电流型变频器
储能元件	电容器	电抗器
输出波形的特点	电压波形为矩形波电流波形近似正弦波	电流波形为矩形波电压波形为近似正弦波
回路构成上的特点	有反馈二极管直流电源并联大电容(低阻抗电压源)电动机四象限运转需要再生用变流器	无反馈二极管直流电源串联大电感(高阻抗电流源)电动机四象限运转容易
特性上的特点	负载短路时产生过电流开环电动机也可能稳定运转	负载短路时能抑制过电流电动机运转不稳定需要反馈控制
适用范围	适用于作为多台电机同步运行时的供电电源但不要求快速加减的场合	适用于一台变频器给一台电机供电的单电机传动,但可以满足快速起制动和可逆运行的要求

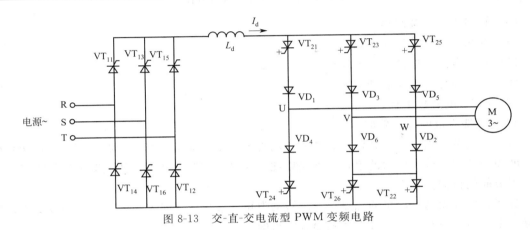

图 8-13　交-直-交电流型 PWM 变频电路

课题四　应用电路——变频技术在洗衣机中的应用

在用洗衣机洗衣服时,由于衣服有薄有厚,故不同的衣服,应该有不同的洗法;不同的季节,水温不同,应该有不同的洗法;而相同的衣服,因人而异有不同的洗法;不同量的衣服用不同量的水洗等。这些要求,变频洗衣机可以满足。这里介绍家用变频洗衣机。

1. 变频洗衣机的工作原理

变频是一种电动机调速控制技术,变频洗衣机不同于普通洗衣机之处在于其电动机、动力传动系统以及控制方法的不同。变频洗衣机的推出,主要解决电动机的可调速。如用波轮洗衣机洗衣服,刚开始 2min,选用低水位洗,洗涤剂浓度比较高,水少,衣服浮不起来,压载波轮上,单位面积的重量增加了。若用原来的较高转速洗,波轮一转,会伤衣服,此时若采用低速,则较好。变频洗衣机相应能够匹配它的转速,达到低水位低转速。变频洗衣机还能实现无级调速,使理想程序的选择变成可能。

如图 8-14 所示,变频洗衣机采用直流无刷电动机,开发智能功率(Intelligent Power Mould—IPM)驱动模块,脉宽调制变频 PWM 控制模块,充分利用变频调速技术的优势,实现洗衣机的洗涤转速可调、脱水转速可调、洗涤时间"节拍"水位联调。

变频洗衣机控制有如下特点。

(1)采用直流无刷电动机,变频后可精密自动控制波轮的速度(转速)和旋转力(力矩)。

(2)缠绕少,衣物伤害小,实现人性化的洗涤。

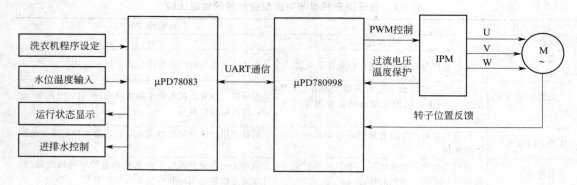

图 8-14　变频洗衣机控制原理图

（3）软刹车、平缓制动。

（4）变水位洗涤，洗净比高。

（5）开关电源。保证宽电压运行。

（6）独特设计，减少起动电流。

（7）EMC 电磁抗干扰。

2. 变频洗衣机的综合效应

节能：变频洗衣机采用高效率、高力矩的直流无刷电动机，可以根据负荷（洗涤物）所需力度控制功率，减少电力的浪费。不仅如此，通过控制起动速度，使起动平衡的进行，从而达到节能的目的。

静音：发挥无刷电动机的优点——高转动力矩，减少变速时发出的齿轮声和皮带声，所以噪声小。另外还有几方面可以达到静音的目的。

（1）通过变频控制，实现对负荷（洗涤量）的直接控制，减小水对洗涤桶的冲击。

（2）使用低速运转功能，能尽量避免电动机发热升温。

（3）冷却用风叶轮可减小一些，从而减少风声。

节水：变频洗衣机实现水位与洗涤转速的最佳匹配。洗涤时低水位，即提高了洗涤剂的浓度，又可以由于低转速达到最佳洗涤度；漂洗时高水位，漂洗效果良好，能用较少的水达到很好的洗涤效果。

另外，将变频及控制技术中低噪声、低振动和机械技术融为一体，突破了传统机构上的局限，取消了复杂的行星离合减速器和三角皮带等易损件，结构大大简化。其整机重量减少15％，洗涤功能进一步优化。用电量和噪声也大幅度下降，同时在机电技术方面的改进，使整机成本大大降低。

思考题与习题

1. 请查资料，列举 5 种不同厂家的变频器。

2. 观察日常生活中使用变频器的场合，列举一个例子，简述其原理。

3. 变频调速在电动机运行方面的优势主要体现在哪些方面？

4. 变频器有哪些种类？其中电压型变频器和电流型变频器的主要区别在哪里？

5. 交-直-交变频器主要由哪几部分组成？试简述各部分的作用。

参 考 文 献

[1] 黄家善. 电力电子技术. 北京：机械工业出版社，2005.
[2] 刘峰，孙艳萍. 电力电子技术. 大连：大连理工大学出版社，2009.
[3] 龙志文. 电力电子技术. 北京：机械工业出版社，2007.
[4] 徐力娟. 电力电子技术. 北京：人民邮电出版社，2010.
[5] 马宏骞. 电力电子技术及应用项目教程. 北京：电子工业出版社，2011.
[6] 张涛. 电力电子技术. 北京：电子工业出版社，2009.
[7] 莫正康. 电力电子应用技术. 北京：机械工业出版社，2003.
[8] 王云亮. 电力电子技术. 北京：电子工业出版社，2010.
[9] 黄俊. 电力电子变流技术. 北京：机械工业出版社，1999.
[10] 王丽华. 电力电子技术. 北京：国防工业出版社，2010.
[11] 王兆安，黄俊. 电力电子技术. 北京：机械工业出版社，2000.
[12] 赵惠敏，张宪. 电力电子技术. 北京：化学工业出版社，2012.